KB127030

엄마에겐
온 마을이
필요해

김복남 지음

한울림

불안을 넘어 유쾌한 엄마로
살아가기 위해서

엄마의 고민은 끝이 없다.

아이를 몸속에 가진 그 순간부터 낳고, 젖 먹이고, 학교를 보내고, 취업 걱정까지…. 예순 중반에 돌아가신 우리 엄마만 봐도, 엄마라는 존재는 죽는 순간까지 자식을 놓지 못하는 것 같다. 뇌경색으로 시시각각 굳어가는 당신의 몸은 아랑곳하지 않은 채, 추운데 어여 애들이 기다리는 집으로 돌아가라며 손짓하시던 모습이 아직도 기억난다.

나는 세 딸을 두었다. 결혼을 앞두고 임차인으로 높은 주거장벽을 넘어야 할 큰딸, 취준생이란 암울한 현실과 마주한 둘째, 그리고 재수생 딱지를 떼고 새내기 대학생이 된 막내가 있다. 만만치 않은 현실과 마주한 아이들을 지켜보는 것도 쉽지 않은 일이지만, 가치관과 소통의 차이로 인해 엄마노릇은 여전히 난관의 연속이다.

막내가 스무 살이 되던 해, 이제 자식들을 다 키워서 한결 수월하겠다는 이야기를 들었다. 속 모르는 소리. 나이를 먹고 아이들이 커갈수록 엄마로 사는 게 힘들다는 걸 더 깊이 깨닫는다. 생애주기의 각 단계마다 요구되는 역할이 달라지듯이, 아이들의 성장 단계에 따라 엄마가 겪어내야 하는 어려움이 다 다르기 때문이다. 아이를 키우는 일은 예나 지금이나, 아이가 하나든 셋이든 어쩜 이리 수월한 게 하나도 없는지 모를 일이다.

그래서 아이를 키우는 일을 책으로 내보자는 제안을 받았을 때 많이 망설였다. 자식을 줄줄이 명문대에 보낸 것도 아니고, 육아전문가로 명성이 높은 것도 아닌데, 보통의 엄마 이야기를 글로 풀어내도 괜찮을까 하는 염려 때문이다. 그러나 탁틴맘 시절과 마을공동체를 복원하는 일을 하면서 얻은 돌봄의 지혜가 육아로 몸살을 앓는 엄마들에게 작게나마 도움이 될 수 있을 거라 생각해 이 글을 쓰기로 마음먹었다.

엄마로서 개인적인 경험보다는, 우리 주변의 엄마 이야기, 현재 마을 안에서 다른 엄마들과 더불어 살아가는 엄마들의 이야기를 담으려 노력했다. 혼자 끙끙대지 말고, 동네 엄마들과 함께 소통하고 연대할 때 수월하게 아이를 키울 수 있다는 걸, 이런 육아방식도 있다는 걸 알려주고 싶었다. 마음만 먹으면 육아뿐만 아니라 삶의 방식까지 변화시킬 수 있음을 나와 내 주변 사람들의 이야기를 통해 전하고 싶었다.

나 역시 세 딸을 키우면서 엄마역할을 알려주는 학교나 수업이 있으면 좋겠다는 생각을 얼마나 많이 했던가? 따로 비용이나 시간을 내지 않아도, 돌봄의 지혜가 절실할 때마다 도움을 주는 창구가 있다면….

지난 삶의 궤적을 돌아보며 깨달은 게 하나 있다면, 엄마로 살려면 주변에 다른 엄마들이 꼭 필요하다는 것이다. 옆집이나 건넛집, 똑같이 아이를 키우는 일에 허덕이는 엄마들이 모여 서로의 고충을 나누고, 필요한 도움을 주고받을 때, 비로소 우린 어두운 육아의 긴 터널에서 벗어날 수 있다. 지금 우리에겐 불안을 넘어 유쾌한 엄마로 함께 아이를 키우며 나이 들어갈 사람들, 즉 공동체가 필요하다.

모쪼록 이 글이 아이를 키우면서 내가 엄마로서 잘 하고 있는 게 맞을까 하는 자기의심으로 괴로워하는 엄마들에게 도움과 위로가 되길 바라며….

홍은동지마을언덕에서
김복남

차례

1부

대한민국 엄마로
육아내공 쌓기

돌봄의 미학

"얼마 전 카톡으로 첫째랑 얘기를 하는데, 나중에 자기가 아이를 낳으면 엄마가 봐줄 수 있냐고 묻더라고. 그래서 어쩌다 봐주는 건 몰라도 전적으로 돌봐주진 못한다고 했어."

"저는 딸아이가 돈 주면서 아이를 봐달라고 하면 잘 돌볼 수 있을 것 같아요. 큰 애는 힘들었지만 둘째는 훨씬 수월했거든요. 손주를 키우면 세 번째니 진짜 잘 키울 수 있을 것 같은데…."

"어휴, 그럴 거 같지? 근데 똑같아. 사람은 변하기 어렵거

11

든. 아이를 잘 키운다는 건 결국 내가 잘 살아야 한다는 건데, 나를 변화시키기가 가장 어려우니…. 대체 아이를 잘 키운다는 건 뭘까?"

얼마 전 집으로 돌아오는 차 안에서 나보다 열 살 아래인 미실과 나누었던 대화의 한 토막이다. 둘 사이 오가는 말에 앞좌석에 앉아 있던 다른 동행인이 웃음을 터뜨렸다.
잘 키울 것 같지만 그렇지 않다는 말. 아이를 잘 키운다는 것은 본인의 삶에 달렸고, 결국 자기 자신을 바꾸지 않는 한 아이를 키우는 것 또한 달라질 게 없을 거라고 단언한 내 말은, 꿈 깨고 지금 두 애나 잘 키우라는 말이나 다름없기에 웃음이 터진 걸까? 아니면 셋째까지 낳아 키우고 있는 당사자로서 자기 경험의 고백이라고 생각해서 크게 웃었을 수도.

애를 잘 키운다는 말은 지극히 양육 당사자인 엄마 중심적 표현이다. 부모와 아이는 상호적인 관계이다. 본능적인 욕구가 중요하고, 혼자서 할 수 없는 것들이 많을 때 대개

부모들은 일방적으로 돌봄을 행하고, 아이는 돌봄을 받는 존재로 인식한다. 그러나 그 시기를 지나 아이가 자라면서 혼자 할 수 있는 것들이 많아지고, 말로 의사소통이 가능해지면서 누가 누구를 성장시키고 있는지 구분하기가 점점 어려워진다.

진구 씨는 26개월 된 딸아이의 육아를 도맡은 아빠다. 1년간의 육아휴직이 끝나가는 요즘 직장 복귀와 함께 아이를 어린이집 종일반에 맡기는 문제로 고민이 많다.

본업을 중단하고 아이 돌보는 일에 전념하고 있는 그가 최근 생긴 에피소드를 들려주었다.

"제가 요즘 세례를 받기 위해 성당에 다니고 있어요. 어린이집에 애를 데려다주고 빨리 교리 공부하러 가야 하는데, 그날따라 애가 밥을 안 먹는 거예요. 시간은 없고 바빠 죽겠는데 계속 딴짓만 하더라고요. 결국 속이 터져서 26개월짜리 애한테 '너 왜 밥을 안 먹는 건데? 도대체 왜 그러는 건데?' 막 따졌어요. 근데 아이가 없다는 듯 '에?' 하는 표정으로 저를 쳐다보는 거예요. 그러다 울면서 '아니야, 아니야!' 하면서 항의하는데, 갑자기 내가 지금 뭐 하는 건가 싶어 자괴감이 막 밀려오고…."

어린아이를 키우는 엄마라면 이런 장면은 그리 낯설지 않을 것이다. 어디 밥뿐이랴. 엄마가 서두를수록 아이는 '어디 그렇게 계속 재촉해봐라. 내가 협조하나!' 하고 마음먹은 듯 마음 급한 엄마는 아랑곳하지 않은 채 평소보다 딴짓에 더 열을 올린다.

내놓는 옷마다 안 입는다며 투정을 부리고, 신발 신는데 몇십 분을 쓰는 건 그나마 양반이다. 이유를 알 수 없는 짜증과 심술을 한참 내다가 목청껏 울 때는 정말이지 대책이 없다.

이쯤 되면 참고 참았던 엄마의 인내는 바닥이 난다. 이성을 잃고 아이에게 큰소리를 내며 윽박지르거나 왜 그러는지 납득하기 위해 아이에게 논리적으로 따진다. 실랑이 끝에 결국 엄마인 내가 급하다 보니 대충 수습해서 데리고 나가긴 하지만, 하루 종일 마음은 불편하다.

다들 겪어봤을 이런 경험은 아이가 어릴 적에만 벌어지는 일이 아니다. 초등학생이 되어서도 청소년이 되어서도 아이와 똑같은 눈높이로 엄마인 자신을 항변하고 있는 나를 발견하기란 어렵지 않다.

별것 아닌 거로 아침부터 아이와 씨름한 날 잠시 여유가 생기면, 그렇게까지 화낼 필요는 없었는데 왜 그랬을까 후회가 밀려온다. 늦는다고 세상이 어떻게 되는 것도 아닌데 내가 그것밖에 안 되는 엄마였나 하고 자괴감이 들 때, 자신도 알 수 없었던 그 조급함과 화가 어디서 기인한 것인지 곰곰이 생각하며 자신을 성찰하게 된다.

부모로 살면서 겪게 되는 여러 사건 중 빙산의 일각인 이런 일상들이 형태를 달리해서 수없이 나타나고 사라진다. 이런 수많은 순간들 속에서 엄마라는 이름을 달고 있는 나는 대체 어떤 사람인가 깨닫기란 쉽지 않다. 그런 순간마다 놓치지 않고 자신이 누구인지 깨달을 수 있다면, 어떻게 이와 비슷한 일들이 반복해서 일어날 수 있겠는가!

아이를 낳고, 전보다 더 잘 키울 수 있을 거라는 기대

는 어쩌면 나를 깨달아가는 일상이 쌓여서가 아닐까? 아이
를 돌보는 경험이 늘어나면서 매사 전전긍긍하는 일이 줄어
드는 것. 지나고 나면 아무것도 아닌 상황에서 나의 대응이
정답이 아니었음을, 때때로 아이를 힘들게 했음을 인정하는
것이리라.

나는 진구 씨의 이야기를 듣고, 그날 아이가 늑장을 피
운 건 아빠가 다른 날보다 조급해하며 자신에게 집중하지
않는다는 걸 알아차렸기 때문이라고 말해주었다. 나의 경험
에 따르면 아이의 직관이나 오감은 어른보다 더 발달해 있
으며, 모든 감각을 어른보다 더 통합적으로 느끼는 것 같다
는 이야기도 덧붙였다.

'애가 왜 울지? 아까 맘마도 먹이고 기저귀도 갈고 다 했
는데, 왜 울음을 안 그치지? 뭐 때문에 우는 건지 이유라도
알았으면…. 나도 좀 쉬고 싶다, 정말. 이 육아의 끝이 있긴
할 걸까? 지금 내가 뭘 잘못하고 있는 걸까? 다른 사람도 이
렇게 쩔쩔매며 애를 키우나? 우리 엄마는 어떻게 셋이나 키
웠지….'

아무리 안고 달래주어도 아이가 울음을 잘 그치지 않을 때 엄마들은 진땀을 흘린다. 더군다나 사람들이 많은 장소에서 그런 일이 벌어지면 당황스러워서 어찌할 바를 모르고 더 허둥댄다.

친정엄마까지 거슬러 올라가며 온갖 생각들이 꼬리에 꼬리를 물지만, 아이가 우는 이유는 간단하다. 엄마의 마음이 다른 곳에 가 있는 걸 알아챘기 때문이다. 아이들은 엄마 품에 안겨 있어도, 엄마가 자신에게 신경을 쓰고 있는지 아니면 잠시 딴생각을 하고 있는지 귀신같이 알아차린다.

아이를 잘 키운다는 건 다른 말로 아이와 함께 있을 때 얼마나 집중하느냐에 달려있다. 이때 아이에게 오롯이 집중하라는 것은 금지옥엽으로 귀하게 받들며 키우란 뜻이 아니다. 아이와 교감을 나눠야 한다는 말이다.

상호작용과는 거리가 먼, 양육자의 일방적인 욕구에 충실한 돌봄은 오히려 역효과만 불러온다. 어디까지나 돌봄은 쌍방 소통이 이루어지는 상호적 관계에서 출발해야 한다. 일방적인 돌봄은 힘만 들뿐 기능적인 역할만 남는다.

한마디로 엄마가 원하는 대로 보고 느끼는 것이 아니라 그때그때 상황에 충실한 태도가 필요하다. 이게 웬 도 닦는 소리인가도 싶지만, 쉽게 말해 엄마의 생각이나 욕심은 내려놓고 아이가 뭘 원하는지에 집중하여, 아이의 욕구를 기민하게 알아차리고 적절하게 반응하려 애써야 한다.

어떤 부모도 아이를 잘 키워야 한다는 강박에서 자유롭기는 어렵다. 게다가 부모역할을 혼자서 감당하는 경우, 육아의 길은 한없이 고단하고 힘겹기만 하다. 안타깝게도 우리 사회는 여전히 엄마에게 돌봄의 역할을 더 많이 부여한다.

아이를 낳고, 젖을 먹이고, 돌보는 동안 억울할 정도로 일방적으로 요구되는 돌봄에 엄마들은 지치고 힘들고 사무치게 외롭다고 말한다. 육아휴직 동안 아이와 종일 시간을 같이 보내는 아빠 진구 씨도 이렇게 말한 적이 있다.

"애하고 단둘이 있는 시간이 많다 보니, 세상과 단절된 것 같은, 그런 외로움이 종종 밀려들더라고요."

아이를 키우는 사람과 아이, 단둘만의 관계에서 진구 씨는 요즘 외로움을 견디는 법을 배운다고 했다.

외로움이 어떨 때, 어떻게 밀려오는지 서로의 얘기에 맞장구를 치다 보면 내밀한 얘기까지 나오기 십상이기에 더는 진구 씨의 사연에 깊게 파고들지는 않았다.

그저 암묵적으로 우리 모두에게 그런 시간이 있었고, 아이가 커가면서 느끼는 외로움은 부모에게 또 다른 형태로 밀려올 뿐, 절대 사라지지 않는다는 걸 알기에 그저 그 느낌만을 공유했을 뿐이다.

돌봄의 힘겨움과 외로움에도 우리는 아이를 잘 키우려 애쓰고, 그 답례로 아이는 부모에게 내적 성장의 기회를 준다. 피할 수 없는 외로움과 내적 성장은 나와 미실, 진구 씨를 비롯하여 세상의 수많은 엄마, 아빠들 사이에 보이지 않는 다리를 놓는다.

이렇게 많은 사람들이 부모로 살아가고 있다는 깨달음은 나 혼자서만 어둠 속 터널을 걷고 있다는 불안감에서 해방시켜 준다. 그리고 때때로 엄습하는 고독에 주저앉거나 불쑥불쑥 올라오는 자괴감에 매몰되지 않게 도와준다.

서로가 연결되어 있지 않다면, 어떤 식으로든 서로에게 영향을 미치며 살아가고 있지 않다면, 아이들을 키우며 아이로부터 성장할 기회를 얻기란 요원한 일일 것이다. 당장 나의 뒷모습조차도 거울을 사용하거나 다른 이의 눈을 빌리지 않으면 볼 수 없는 우리가 부모로 무난하게 살아가는 이유가 바로 이런 것일 테니 말이다.

5월의 따스한 햇볕 아래 제법 살랑대는 자색 자두나무 잎사귀를 바라보며, 갑자기 이는 고마운 감정에 울컥했다. 여름으로 향하는 봄바람과 자두나무, 햇빛과 공기, 그리고 눈에 보이지 않는 무수한 것들까지 죄다 감사한 마음이다.

자두나무 앞에 세워진 자동차, 시부모님이 물려준 그 낡은 자동차 하나에도 많은 관계들이 연결되어 있다. 삶은 이렇게 연결된 관계들을 진하게 느끼며 감동하고, 서운해하고, 외로워하고, 행동하고… 뭐, 그런 건가 보다.

누군가 아이를 잘 키운다는 게 어떤 거냐고 묻는다면 나 자신이 누구인지 어떤 사람인지 알아가는 과정, 즉 지금 내 모습과 쌓여가는 일상의 집합체가 곧 아이를 잘 키우는 길이라고 말하고 싶다.

너무 무거운 말일까?

이미 세 아이의 엄마지만, 아마 넷째를 낳았어도 다섯째를 낳았어도 지금보다 잘 키우기는 어려웠을지 모른다.

굿바이, 강남엄마

대체불가 육아 브랜드
복남엄마표입니다.

2000년 뒤늦게 셋째 딸을 낳는 바람에 유모차를 다시 꺼냈다. 더 어렸을 때야 포대기로 업는 게 편해서 유모차 쓸 일이 별로 없다가 돌이 지나고 꺼내 든 유모차였다.

동네를 돌아다니다 말로만 듣던 스토케유모차를 밀고 아파트 담 모퉁이를 돌아오는 젊은 엄마를 발견했다. 바퀴 크기는 작았으나 두껍고 매우 튼튼해 보였으며, 보통 유모차와 다르게 바퀴가 세 개씩이나 달려있었다.

엄마가 고개를 숙이지 않아도 될 만큼 시트 위치가 높았고, 아이가 조금만 더 자라도 비좁을 만큼 내부가 작아 보였다. 아주 어린애를 태우는 용이었다. 잠시 사용하다 아이가 조금만 커도 집 창고나 현관 앞에 자리를 차지한 채 고이 모셔질 물건이었다. 그런데 좁은 내부와 달리 몸체가 커서 일반 승용차 트렁크에다 넣고 꺼내는 것이 매우 불편하단다. 이런 단점에도 불구하고 180만 원이 넘는 고가에도 불티나게 팔린다는 얘길 듣고 어안이 벙벙했었다.

더욱 의아해했던 것은 유독 우리나라에서 판매되는 가격이 매우 높게 책정되어 있다는 사실이었다. 한국인을 봉으로 아는 건지, 아니면 엄마들이 자진해서 봉이 되어준 건지 모를 일이지만 말이다.

탁틴맘 모임 때 한 젊은 임산부 회원이 스토케를 끌고 온 엄마가 한 손으로 유모차를 회전시키는 걸 봤는데 그게 그렇게 멋있었다고 부러워했던 게 기억에 남는다.

그이의 말에 따르면, 대형마트 한가운데서 마치 주위 사람들 보란 듯이 한 손으로 유모차의 방향을 아주 멋들어지게 바꾸더라는 거다. 그러고는 마치 '나 이런 사람이야' 하듯 목을 빳빳이 치켜세우고 유유히 지나가더라는 것.

당시 싼 중고차 한 대 값에 육박하는 가격대의 유모차를 남에게 자랑하듯 몰고 나오는 엄마나, 그 모습을 내심 부러워하며 구매할 여력이 없는 자신의 처지를 한탄하는 젊은 엄마를 보며 이걸 어찌하리오 싶어 난감했던 적이 있다.

일명 유모차계의 벤츠라서 안전성과 내구성이 최고라는데, 그보다 저렴한 제품 중에서도 안정성과 내구성 면에서 만족스러운 제품이 많다.

유모차를 비롯해 대부분의 육아용품은 아이의 발달단계에 따라 그때그때 잠시 쓰고 말 것들이다. 연령과 기후, 시대에 별로 영향을 받지 않는 자동차 같은 물건과는 성격이 다르다.

예전처럼 비싼 것을 하나 사서 네다섯을 키우는 것도 아니고, 하나 많아야 둘이 잠깐 쓸 물건에 그렇게 많은 돈을 쓰는 건 매우 효용성이 낮은 소비다.

90년대 초반, 자가용은 없어도 유모차는 필수라고 말하던 시절이라 나 역시 흐름에 동참해 유모차를 하나 샀다.

당시 엘리베이터가 없던 건물의 2층에 거주했던 터라 계단을 이용해 부피가 큰 유모차를 내리고 올리는 일은 매번 만만치 않았다. 낑낑대며 겨우 끌고 내려간 유모차를 정작 아이는 거부하고, 걷거나 업어달라고 조르기 일쑤니 그렇게 몇 번 고생하다 결국 유모차는 현관 밖에서 먼지만 쌓인 채로 방치되었다.

그 당시 가장 대중적인 브랜드로 구매했으나 나름 내가 준비했던 육아용품 중 가장 고가의 물건이었다. 초보엄마의 경험 부족으로 나중에 알게 된 사실이지만, 아기 허리에 힘이 생기고 나서는 가볍고 저렴한 접이식 유모차가 더 편리하고 오래 쓸 수 있는 제품이었다. 아이를 업고 안기 어려울 때부터 유모차를 써야 하니, 고가의 물품보다 저렴한 제품이 오히려 시기와 유용성에 맞아떨어지는 것이다.

육아용품을 구입할 때는 필요한 만큼의 기능, 사용빈도 등을 꼼꼼히 따졌다. 또 구입 전에 누군가에게 쓸모없어진 물건을 넘겨받을 수 있을지 주변에 수소문하는 건 기본이었다. 나 역시 첫째, 둘째, 막내까지 거의 사용하지 않아 새것 같은 유모차를 다른 엄마에게 넘겨주었다.

어디 유모차뿐이었겠나. 사용기간이 짧은 육아용품은 거의 다 주변에서 넘겨받아 유용하게 쓰다가 다른 엄마들에게로 갔다. 그나마 얼치기 초보엄마 시절이 가장 많은 물건을 구입한 편에 속했다. 둘째부터는 거의 산 것이 없다고 봐도 무방하다.

탁틴맘 당시 '초보맘을 위한 알뜰 육아용품 준비'라는 이름으로 간단 강좌를 열었다. 육아용품의 구매 기준과 효용성 등을 정리한 내용으로, 초보엄마들을 위해 선배엄마들이 다년간 축적한 경험을 전해주는 자리였다.

온라인 맘카페 정보가 성에 차지 않거나 자신에게 맞는 육아용품을 준비하고 싶어 하는 엄마들을 대상으로, 실제 육아기를 겪고 있는 다양한 연령대의 회원들이 직접 자신의 노하우를 알려주도록 기획했다.

육아 트렌드에 맞춰 변화한 소비욕구를 가까이서 경험했고, 실제 다양한 육아용품들을 사용했거나 사용하고 있는 당사자들의 생생한 정보가 젊은 엄마들에게 더 도움이 되리라는 판단에서였다.

그런데 강좌를 통해 엄마들의 설명을 듣다 보니, 그다지 필요하지 않은 제품을 새롭고 놀라운 물건인 양, 없어서는 안 될 물건인 양 만들어 파는 사례가 적지 않음을 알 수 있었다. 내 아이에게 좋은 것을 주고 싶은 부모 마음이야 백 번 이해한다지만, 필요하지도 않은 걸 기꺼이 구매하게 만드니 상술이 대단하다고 할밖에.

원래 사람의 마음이란 게 옳고 그름을 떠나 남들은 다 하는데 나만 안 하면 왠지 뒤처지는 것만 같은 생각이 든다. 그래서 다들 한껏 가랑이를 벌리고 황새걸음으로 남들 뒤를 쫓기 바쁘다.

남과 다르게 보이기 위해 유명 브랜드와 명품을 추구하는데, 동시에 남과 다르게 보이는 게 이상해서 사람들이 선호하는 브랜드와 명품을 구매하는 이 모순된 상황을 어떻게 설명해야 할지 모르겠다. 기가 막히게 소비자의 욕망을 비집고 들어와 고가의 물건을 만들어내고, 온갖 광고에서 명품이란 이름을 달고 나와 당신만이 소유하는 것이라며 사람들을 유혹한다.

눈을 감고 귀를 닫을 수도 없으니 그 꼬임과 무관하게 살기 어렵다. 남들만큼 누리고 싶은 욕망은 지갑 속에서 노동으로 힘들게 벌어들인 돈을 너무나 쉽게 훔쳐 간다. 많은 사람들이 끝없는 비교와 차별화에 몸살을 앓고, 더 좋은 것을 더 많이 소유하고 싶은 욕망을 품고 살아간다.

필요하지도 않은 것을 필수품으로 둔갑시켜 사게 만드는 것. 이를 두고 기업에서는 마케팅이라고 하겠지만, 소비자의 입장에서는 눈 뜨고 코 베이는 것과 다름없다. 현명한 소비를 위해서는 두 눈을 부릅뜨고 깨어 있어야 한다.

언젠가 명품 유모차처럼 고가의 육아용품을 선호하는 엄마들이 어떤 생각을 하는지 들어볼 기회가 있었다. 놀랍게도 그들은 고가의 육아용품을 사는 게 매우 경제적이라는 생각을 하고 있었다. 남들의 부러움을 한껏 즐긴 뒤 중고로 되팔아 현금까지 챙기니 일거양득이라는 것이다.

예를 들어 100만 원에 사들인 제품을 잠시 쓰다가 중고 시장에 반값으로 팔면 된다는 거다. 쓸 만큼 쓰고 절반의 돈까지 회수하니 본전은 뽑은 거라는 얘기였다.

얼핏 들으면 매우 영리하고 합리적인 소비처럼 들린다. 최신 아이템을 구매해서 다양한 기능도 즐기고, 남과 다르다는 차별화된 욕망도 채우고, 최대한 현금화해서 손해까지 줄인다니 말이다. 그런데 과연 그럴까? 정말 영리하고 합리적인 소비일까?

구매할 때부터 중고로 되팔 것을 염두에 둔 물건이라면, 사용할 때 조심스럽게 다룰 수밖에 없다. 엄연히 지금 주인은 난데, 정작 다른 주인을 위해 애지중지 고이 다뤄야 하는 것이다. 그래야만 기대하는 가격을 받을 수 있으니, 결국 내 것이되 내 것이 아닌 물건이다.

나중에 되팔 것을 생각하고 물건을 산다는 건, 더 높은 가격으로 팔아서 차익을 남길 요량이거나 본인의 형편상 그 가격이 부담되기 때문일 것이다. 이초에 물건을 사는 목적이 아이의 안전과 이동성을 충족시켜주는 데 있기보다는, 그 물건 자체를 소유하고 싶은 욕망이 더 크게 작용했기에 효용성 면에서 비경제적이다.

누군가는 그렇게 말할지도 모른다. 요즘 제품을 고를 때

기능보다 디자인을 더 선호하는 것처럼, 남과 달라 보이고 싶은 자신의 욕망을 채워서 행복할 수 있다면 합리적인 소비가 아니냐고.

하지만 내 호주머니 사정을 뛰어넘는 욕망을 채우기 위해서는 구매 전부터 그 돈을 어떻게 마련하고, 어떻게 사용하고, 언제 되팔 것인지 많은 고민이 따라올 수밖에 없다. 많은 정보들을 뒤지며 머리가 복잡해지는 것은 물론이고, 마음까지 불편하다.

실제로 당시 고가의 육아용품을 사는 문제로 남편과 다툼이 일어나는 집도 종종 있었다. 예비아빠들이야 육아에서 엄마보다 떨어져 있고, 트렌드에 민감하지도 않으니 고가의 물건을 고집하는 이유를 이해하기 힘들었을 것이다.

무엇보다 특정 브랜드의 물건을 소유하고 싶은 욕망이 정말 내 안에서 일어났는지 따지고 들면, 더 골치가 아프다. 내 것으로 생각한 그 욕망이 진짜 내 것이 아닐 수도 있기 때문이다.

물건을 소유함으로써 남들과 차별화되고 싶은 욕망은 끝없이 새로운 물건을 소유해야 채워진다. 이러한 소유욕은 필요 없는 것을 끊임없이 만들어내는 기업의 시장창조에 기여하고, 그 시장에서 다시 물건을 구매하는 소비패턴의 악순환을 되풀이한다.

차별화에 대한 욕망이 어디 물건에만 국한되겠는가. 이젠 옛날 유행어가 되어버렸지만, 한때 '강남엄마 따라잡기'라는 말이 선풍적인 인기를 끌었다. 드라마로도 나왔을 정도니, 그 열풍을 가히 짐작할 수 있다.

'강남엄마'라는 말이 정확히 어떤 의미를 품고 있는지 잘 모르겠으나, 아이의 성공을 위해 엄마역할 말고도 매니저 역할까지 완벽하게 해내는 경지를 지칭하지 않나 싶다.

아이의 성적, 스펙, 스케줄까지 모든 걸 관리하고, 내로라하는 사교육 시장과 좋은 학군을 위해 이사까지 감행하는 엄마들. 대한민국에는 맹자 엄마가 울고 갈 정도로 열성적인 엄마들이 참 많다. 이렇게 아이의 미래를 위해 자신의 삶을 올인하는 엄마들의 일상을 듣고 있자면, 나 같이 본인의 삶이 중요한 엄마들은 숨이 막힐 정도다.

그런데 강남엄마와 그네들을 쫓아가려 애쓰는 많은 엄

마들을 보면 자꾸 의심이 든다. 강남엄마를 따라 하면 정말 우리 아이도 명문대학에 들어갈 수 있을까, 대학에 들어가면 아이의 성공은 보장될까, 그 성공이 아이가 바라는 행복일까, 그리고 아이에게 올인한 엄마의 삶은 행복할까 하는 의심들.

요즘엔 대학에 보내는 것으로 끝이 아니라 대학 내 경쟁에서 살아남고 원하는 일자리를 얻을 데까지 엄마의 매니저 역할은 계속된다고 하니, 평생을 자식을 위해 올인하는 엄마들의 삶은 고되고 부단히 바쁠 테다. 경쟁에서 살아남기 위해 돈, 정보력, 발품 등 남보다 더 많은 자원을 활용해야 하니 말이다.

하지만 청년 백수가 늘어나고, 정년을 보장하는 일자리가 줄어드는 대신 고용이 불안정한 계약직 일자리가 늘어나는 오늘날, 강남엄마 따라잡기가 여전히 유효할 것인지는 깊이 생각해봐야 할 문제다.

철학자 자크 라캉이 말했다. '인간이란 타인의 욕망을 욕망하는 존재'라고. 인간이 남의 욕망을 좇는 존재라는 라캉의 말은 강남엄마 따라잡기에도 잘 들어맞는 것 같다.

　나 역시 명문대 졸업이 결코 행복을 보장하는 게 아님을 알면서도, '제힘으로 누구나 가고 싶어 하는 대학에 가는 거야 좋은 일이지.'라고 생각했다. 내가 하고 싶은 일을 하기에도 시간이 모자라고 벅찬 사람이라서, 여느 엄마들처럼 입시전략을 짜기 위해 특강을 듣거나 정보를 수집하는 식으로 아이에게 도움을 준 적이 없다는 사실에 미안한 마음이 들기도 했다.

　물론 알아서 대입시를 준비하고 공부한 세 아이에게는 미안함보다 고마움이 더 크다. 이런 엄마로서의 자기반성은 나 또한 주류 경쟁사회를 완전히 무시하지 못한다는 방증일 것이다.

　내 안에도 강남엄마에 대한 욕망이 한 자락 자리하고 있는 것이 분명하다. 아이들도 나도 이미 자본이 지배하는 경쟁사회에서 자유롭지 못하다. 경쟁을 부추기고, 수치화된 성공을 욕망하는 사회 분위기에 휩쓸리지 않으려 노력할 뿐이다.

그런 노력의 일환으로 몇 해 전부터 사람들 간의 관계가 기반이 되는 마을을 복원하는 일을 해오고 있다. 이웃을 만들기 원하는 사람들을 발굴하고, 촘촘한 관계망을 활용해 필요한 것을 관계의 힘으로 해결해나가는 시도들은 재미있고, 우리 삶에 활력을 불어넣는다.

예전 같으면 시간과 돈을 들어야지만 해결되었던 문제들이, 다양한 재능과 자원들이 모인 뒤로 아주 쉽게 해결되는 신기한 경험을 하고 있다. 이웃과 함께하는 일상 속에서 새롭게 알게 된 사실은 우리 주변에는 개성 넘치고 다양한 능력을 지닌 엄마들이 정말 많다는 것이다.

재주 많은 그녀들은 아이들과 자신의 삶이 경쟁에 찌들어 피폐해지지 않는 방향으로 여러 일을 계획한다. 아이들이 다양한 연령층의 사람들과 어울리며 자연스럽게 보고 배울 수 있도록 배려와 돌봄의 끈을 놓지 않으려 애쓴다.

그 과정에서 아이들은 협동하며 하루하루를 보내는 어른들의 삶을 가까이서 지켜보며 함께 사는 법을 터득한다. 누구는 그림을 잘 그리는 아이, 또 누구는 뭐든 잘 먹는 아이, 그리고 춤과 노래에 끼 많은 아이같이 주변 어른들의 칭찬과 격려, 따듯한 관심은 덤이다.

모여 살면서 부족한 건 서로 채워주니, 큰 비용을 들이지 않아도 만족스러운 생활이 가능하다. 또한 여유 시간에 재미있는 일을 도모하는 생산적인 만남과 활동에 신바람이 난다. 그래서 강남엄마가 부럽지 않다.

이렇게 우리 안에 있는, 버려지지 않는 강남엄마에 대한 욕망을 이웃과 함께하는 일상을 통해 조금씩 비우고 있다.

원래 브랜드는 기업에 대한 소비자의 신뢰로 만들어진다. 눈에 보이는 화폐는 아니나 기업의 자산으로 작동하는 게 브랜드다. 그런데 우리는 파는 물건이 아님에도 엄마 앞에 상표를 붙인다. 그중에서도 강남엄마, 목동엄마는 대한민국 엄마들에게 환상을 불어넣는 브랜드로 오랫동안 자리매김해왔다.

그러나 나는 강남엄마처럼 특정 부류로 묶이길 거부한다. 난 그냥 복남엄마다. 나만의 육아 브랜드인 복남엄마표를 자랑스럽게 여기는 김복남엄마!

우리 동네에는 이렇게 강남엄마를 거부하고, 자신만의
브랜드를 갖고 살아가는 엄마들이 득실댄다.

송쌤엄마, 숙쌤엄마, 여왕벌엄마, 현쌤엄마, 때때달엄마와
같이 관록 있는 엄마표는 물론이고, 감자엄마, 나뭇잎엄마,
비나무엄마, 바다엄마, 미실엄마 같은 젊고 개성 강한 엄마
표도 만날 수 있다.

모두가 세상에 단 하나밖에 없는 엄마표 브랜드다.

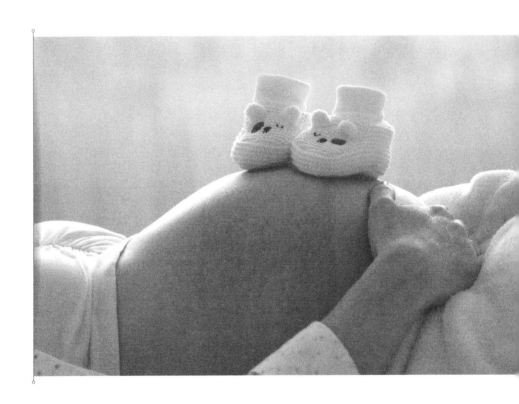

성난 네 글자 독박육아

엄마도 자기돌봄이 필요한
소중한 사람입니다

독박육아.

나를 비롯해 많은 엄마들의 가슴을 짓누르고, 화가 치밀어 오르게 하는 네 글자. 사자성어도 아닌 것이 아이를 낳고 키워본 여성이면 누구나 공감하며 고개를 끄덕이게 하는 이 네 글자는 때때로 눈물을 글썽이게 만든다.

이때의 눈물은 그럴 수도 있겠다는 단순한 공감을 넘어 현실에서 수용되지 않아 내재된 깊은 속상함의 눈물이요, 마음에 쌓인 분노의 표출이기도 하다.

내가 낳은 소중한 아이를 돌보는 것이 얼마나 고맙고 또 고마운 일인가만은, 도움 없이 혼자 아이를 돌보다 보면 그 고마움이 어느새 외로움과 속상함, 분노로 바뀌어 차곡차곡 쌓여간다. 엄마 역시 자기돌봄이 필요한 사람임에도 그러지 못한 채 버거운 하루하루를 보내고 있기 때문이다.

누구에게나 하루는 24시간으로 한정되어 있고, 엄마는 슈퍼우먼이 아니라 아빠와 똑같이 재충전이 필요한 사람일 뿐이다. 아이가 너무 예쁜 나머지 혼자서 아이를 돌보겠다고 결심하는 엄마는 세상에 없다. 열 달 동안 정성스럽게 품고 있다가 힘든 산고를 이겨내고 아이를 낳은 뒤부터 돌봄은 전적으로 부부의 몫이 분명하다.

아이는 배고픔과 생리적 현상 외에도, 수시로 자신의 욕구를 울음으로 알린다. 성장할수록 아이의 욕구는 더 다양해지고, 챙겨야 할 일 또한 눈덩이처럼 커진다. 육아에 비례해서 집안일이 늘어나는 것은 당연지사다.

부부에서 부모로 전환되는 과정은 두 사람 모두에게 이전과는 전혀 다른 세계를 감당할 것을 요구한다. 이때 부부에게 낯선 돌봄이, 그 돌봄의 역할이 크다고 여기는 엄마 쪽으로 집중되기 쉽다.

육아를 부부가 함께하는 것이 왜 중요한지 공감하지 못하거나 그래도 아빠보다는 엄마가 아이를 더 잘 돌볼 거라는 편향적인 성관념이 독박육아라는 괴이한 사회현상을 낳았다. 여전히 가부장적 요소가 곳곳에 남아있고, 성평등이 일상화되지 못한 우리 사회는 여성에게도 남성에게도 틀에 박힌 역할을 강요한다.

맞벌이 부부라고 해서 별반 다를 것이 없다. 현실은 자꾸 엄마들에게 슈퍼우먼이 되라고 강요한다. 사실 남녀를 떠나 슈퍼대디나 슈퍼우먼 모두 한쪽의 희생을 전제로 한 기울어진 형태의 돌봄 주체를 뜻하는 현상이므로 바람직하지 않다.

육아와 가사를 부부가 동등하게 나눌 때 한 사람이 희생하는 억울하고 힘겨운 일상에서 벗어날 수 있다. 이는 오랜 시간 삶을 함께하기로 약속한 부부간 신뢰의 바탕이 되기도 한다.

그렇다면 육아와 가사를 동등하게 배분했을 때 모든 문제가 수월하게 풀릴까? 불행히도 아니다. 사회가 부부에게 시간적 여유를 주지 않는다면, 두 사람은 불행한 슈퍼대디와 슈퍼우먼으로 피곤한 나날을 살아가야만 한다.

괜히 결혼했나, 괜히 아이를 낳았나 하고 후회하는 날들이 많아지고, 아이는 좋지만 그 힘든 육아를 또다시 하기엔 겁이 나 아이는 하나로 끝이다. 아예 시작조차 하지 않는, 애 갖기를 포기하는 젊은 부부들이 늘어나면서 우리나라 저출산 문제는 심각한 수준이다.

"선배님은 어떻게 셋씩이나 낳으셨어요?"

아내가 돈을 벌고 기꺼이 아빠인 자신이 육아를 선택한 띠동갑 대학 후배가 얼마 전 내게 한 질문이다.

"저는 돈 때문에도 아니고요, 아이가 예쁘지 않아서는 더더욱 아니지만… 아이는 그만 낳기로 했어요. 그 긴 육아의 터널로 다시 돌아가고 싶지 않아서요."

마흔이 넘은 남자 후배는 육아를 전담했던 3년이 괜찮은 경험이었다고 얘기하는, 나름 성평등을 지향하는 아빠다.

부부에서 부모로 전환되는 과정은
두 사람 모두에게 이전과는
전혀 다른 세계를 감당할 것을 요구한다.

이때 부부에게 낯선 돌봄이,
그 돌봄의 역할이 크다고 여기는
엄마 쪽으로 집중되기 쉽다.

그런데도 육아의 그 긴 터널 속으로 다시 들어가는 게 두려워 더는 아이를 낳고 싶지 않다고 토로하는 것을 보면, 그만큼 육아는 부부 모두에게 쉽지 않은 과정인 게 분명하다. 그리고 아이를 낳고 키우는 것이 비단 한 가족의 일만이 아님은 고령화 사회와 맞물려 저출산이 가져올 여러 사회문제만 봐도 알 수 있다.

예를 들어 지금 30~40대가 연금을 받을 나이가 되었을 때 그 연금의 실제 납부자가 될 청년은 부족하고, 연금받을 노인만 넘쳐나는 세상이 온다. 2055년 국민연금이 고갈될 것이라는 예측은 '아이는 곧 우리의 미래'라는 무서운 사실을 깨닫게 한다.

2017년은 대한민국이 고령화 사회로 접어든 의미 있는 해이다. 미국이 73년 걸린 고령화 사회로의 진입을 우리는 17년 만에 도달했으며, 이는 24년이 걸린 일본보다 무려 7년이나 빠른 속도다.

2030년이 되면 65세 이상 노인 인구수가 15세 미만의 유소년 인구수보다 4배나 많아진다는 수치는 헉 소리가 절로 나오게 만든다. 그때가 되면, 60세가 청년 축에 들어가는 농촌의 모습이 더 이상 낯선 풍경이 아닐 것이다. 이것은 10년이면 곧 다가올 우리의 노후 모습이기도 하다.

저출산의 주된 원인은 높은 집값과 사교육비, 불안정한 일자리 등에 있다. 특히 청년층의 높은 실업률은 결혼을 포기하거나, 하더라도 출산에 대해 부정적인 생각을 갖게 만든다. 그리고 이러한 고착화된, 구조적인 사회문제들은 가부장적인 문화와 정서, 온존하는 제도들을 더 강화하는 결과를 가져온다.

암암리에 또는 대놓고 임신이나 육아 문제로 차별을 받거나 슈퍼우먼을 강요하는 사회 분위기 속에서 결혼이나 출산에 주저하는 여성들이 늘어나는 것은 당연하다. 남성들 또한 성별로 인한 기득권이 유지되는 한 진정한 행복을 추구하기 어렵다. 이것은 나의 배우자, 혹은 나의 배우자가 될 사람이 언제든지 당할 수 있는 문제이기 때문이다.

우리 정부는 지난 10년간 저출산 대책에 80조 원을 쏟아

부었다. 하지만 결과는 참담하다. 출산율이 계속 하락하고 있기 때문이다(2018년 기준 0.98명). 이러한 지표는 청년들의 안정적인 일자리 창출을 비롯하여 부부가 함께 아이를 키울 수 있는 현실적인 제도들이 뒷받침되지 않는 한 출산율 증가는 어렵다는 것을 보여준다.

"이것저것 저출산 대책이라고 아무리 떠들어봐라. 그런 거로 애를 낳나!"라고 국가 정책을 비웃는 말은 오롯이 청년들의 개인주의 성향에서 기인한 말이 아니다. 그들에게 지금의 사태는 피부로 느껴지는 현실이다.

몇 년 전 어느 회의 자리에서 만난 아이 넷을 둔 복지관 관장님 이야기가 생각난다. 부천시가 올해부터 넷째를 낳으면 출산장려금으로 1,000만 원을 주겠다고 한다고. 작년까지 50만 원이었는데, 이게 말이 되냐고.

이미 넷째를 낳았으니 웃자고 한 말이지만, 그분이 설마 50만 원을 받으려고 넷째를 낳았을까. 그리고 1,000만 원 때문에 누가 넷째를 낳겠는가.

물론 아이를 키울 때 단지 경제적인 문제만 있는 건 아니다. 하지만 한 아이를 대학까지 공부시키는 데 2억이 넘게 든다는 통계도 있는 만큼, 출산장려금만 믿고 아이 낳는 부모는 없을 것이다. 결국 이런 식의 단발성 제도로는 저출산 문제를 해결하는 데 아무런 도움이 되지 못한다.

나만 해도 2001년에 셋째 아이 낳은 후로 다둥이 혜택을 본 게 딱 10개월 동안 받은 어린이집 지원금이 다였다. 그러다 최근 대학생인 딸이 다자녀 국가장학금을 신청할 수 있다는 말을 들었다.

얼토당토않게 치솟은 대학등록금 탓에 이거라도 어디냐 싶지만, 전기요금 20퍼센트 할인과 학비 지원이 다자녀 혜택의 전부라 허탈할 지경이다. 혜택이 전혀 없는 것보다야 낫지만 출산율을 늘리기에는 누가 봐도 역부족이다.

촛불의 힘으로 대통령이 탄핵, 구속되고 새로운 대통령을 뽑아야 했던 그 해, 적폐 청산과 새로운 정치에 대한 기대가 그 어느 때보다 뜨거웠었다.

장장 4개월 동안 주말마다 광화문 광장에 모여 민주주의를 목청껏 높였던 시민들은 적폐와 비리를 뿌리 뽑고 새

바람을 불어넣어줄 정치 지도자가 누구일지 눈에 불을 켜고 지켜보았다.

나 역시 날이 새면 조간신문의 일면을 장식하는 이 후보 저 후보의 공약을 꼼꼼히 살펴보았다. 아무래도 아이 셋을 키우는 엄마이자 여성이다 보니 해결해야 할 여러 현안 중에서도 일하는 여성들이 아이를 낳고 기르면서 일을 포기하지 않고, 또 슈퍼우먼의 삶을 강요받지 않는 문화를 조성하는 정책에 관심이 갔다.

특히 아빠 육아휴직 상여금제, 배우자의 유급 출산휴일 증가, 부부 출산휴가 의무제, 부부 육아휴직 의무할당제 등과 같은 '독박육아'로 힘겨워하는 엄마들의 수고로움을 덜어줄 공약들이 눈길을 끌었다. 그중에서도 유일한 여성 대선후보의 일명 '슈퍼우먼 방지법'은 그 이름부터 가슴을 시원하게 해줬다.

그럼에도 불구하고 중요한 사회문제 중 하나인 육아와 관련된 정책들을 보면 여전히 유럽보다 뒤처져 있는 것이 사실이다. 그나마 전보다 진일보한 정책을 내놓았다는 점에서 긍정적이다.

여기에는 슈퍼우먼이라는 허상에서 벗어나 본질적인 변화를 갈망하는 여성들의 목소리가 담겨있다. 독박육아의 힘겨움과 불평등을 부부의 문제, 남성의 문제로만 치부하면 변화는 요원하다. 독박육아는 한 사람의 희생으로 끝나지 않는다. 그 여파는 아이의 성장과 부부간의 신뢰에도 영향을 미친다.

여성이 임신과 출산, 수유 그리고 자녀 양육을 통해 소통과 공감능력을 키우고, 관계맺음과 사회성을 높이는 기회를 얻게 되는 것처럼 남성에게도 똑같은 기회가 주어져야 한다. 그런 경험을 통해 부부가 부모로 성장하고, 평등한 인격체로서 건강한 부부관계를 형성해나가는 기반을 마련할 수 있다.

이러한 맞돌봄을 개인의 의식 변화나 실천에만 의존할 것이 아니라 누구나 누릴 수 있는 권리이자 의무로 강력한 제도적 틀을 갖추는 것이 중요하다. 제도는 사회를 바꾸는 데 큰 역할을 하기 때문이다. 이런 관점에서 볼 때 남성육아휴직률의 증가세는 상당히 고무적이다. 물론 휴직 전후로 받는 부당한 대우나 주변의 달갑지 않은 시선 등 아직 갈 길이 멀긴 하지만 말이다.

육아휴직제도가 일과 가정의 양립이라는 노동시장의 필요와 효율성에서 비롯되었다고 해도, 제도적 장치는 직장맘뿐만 아니라 육아와 가사를 전담하는 여성들에게도 영향을 미친다. 누구나 그렇지만, 특히 아이를 혼자 키우는 여성들에게 육아의 사회화는 매우 중요하다.

생계와 돌봄, 가사까지 모두 책임져야 하는 한부모 가정의 고충을 생각해보라. 공동체가 사라진 개인화된 도시에서 친척이나 아는 누군가의 도움 없이 홀로 아이를 돌본다는 것은 끔찍할 정도로 힘들다. 남성이든 여성이든 누구나 그렇다. 제도를 만들고 공동체를 복원해야지만 그 무거운 짐을 덜 수 있다.

그렇기에 많은 육아정책 공약이 꼭 실현되길 바란다. 더불어 이미 제도화된 육아정책들 또한 차별 없이 온전히 실현되면 참 좋겠다. 우리의 자녀들을 위해서, 그리고 곧 다가올 우리들의 노후를 위해서도 말이다.

'독박육아'란 말에 울컥 눈물샘이 터져버리는 젊은 후배 엄마들, 쉰이 넘은 지금도 여전히 혼자 아이를 키우고 있는 건 아닌가 싶어 문득문득 외로움이 밀려올 때마다 울컥하는 나를 포함해서 아이를 키우는 모든 부부에게, 아니 우리 사회 속에서 '독박육아'란 말이 완전히 사라지길 소원한다.

머지않은 미래에 이렇게 말하는 날이 꼭 오길.

"할머니, 독박육아가 그런 뜻이야? 그런 말도 있었단 말이야? 말도 안 돼!"

아빠들의 육아수다

남들은 아내 등쳐먹고
산다고들 하지만은

엄마이자 여성으로 나의 이야기를 이것저것 풀어내면서 육아를 전담했던 아빠들의 이야기를 듣고 싶었다.

주변에서 육아대디를 흔하게 만나볼 수 있는 건 아니었지만, 그간 '협동'이란 키워드로 만나왔던 관계망을 동원해 비슷한 또래의 아빠 세 사람을 한자리에 모을 수 있었다.

아빠들의 육아수다를 흔쾌히 수락한 세 사람과 함께 퇴근 후 동네 맛집에 모였다. 연배든 부모로 산 세월이든 나와 10년 정도 차이 나는 사람들이지만, 그들에게 궁금한 것이 많았던 나는 세 아빠와의 만남을 손꼽아 기다렸다.

모임에 참석한 사람은,

진구 씨(26개월 여아. 육아휴직 1년)

돌멩이(4세, 7세 남아. 둘째 때 육아휴직 2년)

찌지직(5세, 9세 남아. 첫째 때 육아휴직 3년)

이렇게 세 사람이었다.

육아를 책임졌던 경력이 있는 만큼 세 남자에게선 엄마
에게서나 볼 수 있는 포스와 내공 같은 게 느껴졌다. 여느
엄마들 모임 못지않게 수다스러웠던 아빠들과의 만남은 사
전에 이런저런 질문들을 준비한 게 무색할 정도로 이야기
가 끊이지 않고 이어졌다. 마치 이런 자리를 기다렸던 건 아
닌까 의심스러울 정도였다.

　육아휴직이 끝난 뒤 직장 복귀는 어땠냐는 질문으로 스
타트를 끊었다. 아직은 우리 사회에서 육아휴직을 눈치 보
지 않고 사용하는 것이 어려울 것 같아 던진 질문이었다.

　진구 씨는 일전에 풀뿌리여성포럼에서 그림자노동을 다
룰 때 초대손님으로 처음 만났었다. 그때 진구 씨는 휴직을

하고 육아를 전담하는 일에 대해 매우 긍정적이었고 행복해했었다. 그런데 그의 입에서 나온 이야기는 그때와 완전히 달라져 있었다.

진구 씨는 얼마 전에 페미니즘적 시각으로 금기시되어 왔던 주제를 다루는 방송에서 섭외 요청을 받았다고 했다. 아빠의 육아 이야기를 들려달라는 게 섭외 이유였다고. 그런데 섭외 요청을 받고 방송에 대해 검색하다 댓글을 보고 이거 말 한 번 잘못했다간 큰일 날 수도 있겠구나 싶어 겁나서 안 나갔단다.

"안 나가겠다고 하니 '그냥 애하고 행복한 이야기를 들려주시면 돼요' 하는데, 더 난감하더라고요. 행복하지 않는데 무슨 말을 해야 할지…."

아니, 이게 무슨 일인가! 그렇게 행복해하던 진구 씨가 행복하지 않다니?

진구 씨는 최근 복귀를 앞두고 전 직장인 출판사를 찾아갔다가 송인서적 부도로 출판업계가 거의 90년대 외환위기를 방불케 하는 분위기라서 원래 업무로 복귀가 불투명

할 수도 있다는 얘길 들었단다.

친한 동료에게서도 회사 분위기가 좋지 않다는 얘기만 들었을 뿐, 이 부당한 상황에 대해 거부할 뜻을 비쳤을 때, 지지도 공감도 전혀 얻지 못했다고 했다. 동료들 사이에서 혼자 동떨어진 존재가 된 것 같은 공허함에 한동안 헤어나지 못했다고.

"육아휴직을 선택할 당시 동료도 지인들도 모두 훌륭한 선택이라고, 잘했다고 말해주었죠. 이런 부당한 일을 겪을 수도 있다는 경고는 아무도 하지 않았어요. 전 당연히 원래 자리로 돌아갈 줄 알았어요. 물어보니, 복귀한 여직원들은 대개 6개월 정도 육아휴직을 썼대요. 1년의 육아휴직을 채운 경우엔 대부분 복귀하지 않고 퇴사했다고 하네요. 아마도 아이를 돌봐줄 사람을 구하지 못했거나 남편의 수입만으로 생활이 가능한 경우겠죠. 남자가 육아휴직을 신청한 건 제가 직장에서 처음이었어요."

자신의 경험담을 털어놓으며, 진구 씨는 육아휴직이 끝난 뒤 복귀하는 여성들을 위해 육아기 근로시간단축제를 확산해야 한다는 의견을 덧붙였다.

복지관 팀장으로 일했던 돌멩이도 복귀 후에 다시 팀장 자리로 돌아가지 못하고, 실무를 맡게 되었단다. 하지만 그리 놀랄 일도 아니었고, 일이 재미있는 것도 있어서 크게 문제가 되지는 않았다고 했다.

"직장 복귀 전에 마음을 내려놔서 그런지 보직 변경이 크게 문제가 되지 않았어요. 1년의 육아휴직이 끝나고, 그만두라고 해도 어쩔 수 없다고 결심하고, 휴직을 1년 더 연장했던 거거든요. 그렇게 2년의 육아휴직이 끝나고 복귀하는 거라 그러는 게 맞다는 생각이 들었어요. 원래부터 서열 체계가 없는 복지관 문화가 크게 작용한 것도 있죠."

진구 씨나 돌멩이의 사례에서도 알 수 있듯이 육아휴직 이후 원래 직무와 직위로 복귀하지 못하는 현실은, 여전히 육아휴직제도가 우리 사회와 기업에서 제대로 정착하지 못하고 있다는 것을 보여준다.

찌지직은 대기업 계약직 직원으로, 자신보다 벌이가 더 나은 아내를 대신해 본인이 직장을 그만두고 육아에 전념한 경우이다.

"큰 처형과 둘째 처형의 아이를 돌봐주신 장모님께 우리까지 의지할 수 없어서 세 살 때까지 제가 돌봤어요. 자발적인 선택이었고, 장모님은 자기들 새끼 자기들이 알아서 키우니 다행이라며 내심 반기셨어요."

둘 중 한 사람은 육아에 집중해야 하니, 나름 현실을 고려한 합리적인 선택이었다. 아빠가 자발적으로 육아를 선택했기에 3년 동안 큰 문제 없이 잘 지낼 수 있었던 경우였다.

세 아빠에게 현재 퇴근 후나 주말, 휴일에 얼마나 육아에 집중하고 있는지 물었다. 그리고 엄마와 다른 아빠만의 육아 고민은 뭐가 있는지를 추가로 물었다.

"둘째 때 육아휴직을 냈는데, 이미 한 번의 육아 경험이 있어서 그런지 좀 수월한 편이었어요. 첫아이가 공동육아 어린이집을 다녀서 휴직 전에 아이를 돌본 경험이 꽤 도움이 됐어요. 울음소리를 듣고 뛰어가야 하는지 아닌지 다 구별이 가니까요. 숨넘어갈 듯 우는 아이에게 '응, 그래. 괜찮아.'라고 말하는 여유도 생겼고, 39도까지 열이 올라도 잠을 못 자고 밥을 못 넘기는 게 아니라면 시간을 두고 지켜볼

줄도 알게 되었죠. 첫째 때라면 난리를 쳤을 상황에도, 둘째를 키울 땐 안정감 있게 대처할 수 있었어요."

돌멩이는 첫아이 때부터 공동육아 어린이집을 부모들과 함께 운영하며 육아에 참여해왔고, 육아휴직까지 하며 두 아이를 돌본 터라 육아내공이 남달랐다. 울음소리만 듣고 아이 상태를 짐작할 수 있다는 돌멩이의 경험담에서, 돌봄은 아빠보다 엄마가 잘한다는 사회통념이 얼마나 부질없는 것인가를 알 수 있었다.

돌멩이는 계속해서 말을 이어 갔다.

"직장 복귀 전후를 비교하면, 노동 강도는 별 차이가 없어요. 집중하는 일이 달라졌을 뿐이죠. 집에 돌아오면 아내와 둘이서 설거지나 음식물쓰레기 버리기 등 집안일을 나눠서 해요. 가장 달라진 점을 말하자면, 이젠 집으로 일거리를 들고 오지 않으려 노력해요. 공부 못하는 애들이 맨날 바리바리 싸 들고 다니면서 공부는 안 하고 시간만 축내는 것처럼, 집에서 집중도 못할 거 괜히 일거리를 싸 들고 오지 않으려고요. '일은 어쩌지? 애들은 잘 놀고 있나?' 고민하면서, 일에도 육아에도 집중하지 못하고 건성으로 하는 건 피하려고요."

마지막으로 이렇게 말하면서 자신의 이야기를 마무리 지었다.

"남에게 인정받으며 살고 싶은 욕심이 컸는데, 육아를 하면서 그 욕심을 내려놓게 됐어요. 조금 성에 안 차더라도 나도 너도 수고했고, 우리 모두 수고했다는 사실을 알아주는 게 더 중요한 것 같아요. 육아휴직으로 집에 있으면서 그동안 아내가 집안일이며 아이 돌보는 일이며 종일 힘들었다는 걸 알게 됐죠. 이해의 폭이 넓어졌으니, 육아휴직으로 부부 사이가 좋아진 건 분명해요."

세상에는 당사자가 아니면 상대방의 입장을 이해하지 못하는 경우가 많다. 집안일도 육아도 그렇다. 돌멩이만 해도 집에서 아이를 전적으로 돌보기 전까지 아내의 수고와 힘듦을 이해하지 못했으니 말이다.

돌봄에 집중하면 남녀를 떠나 육아의 기술과 소통능력이 길러지는 건 분명하다. 그 배움의 기회를 많은 아빠들이 놓치고 있다는 게 안타까울 뿐이다. 멀리서 찾을 것도 없이, 내 남편을 포함해 가부장적 문화에 사로잡혀서 소통과 공감의 기회를 얻지 못하는 아빠들이 우리 주변에 참 많다. 그들은 자신의 아이를 돌보는 아주 좋은 방법이 있음에도 편견과 관습을 깨지 못하고 시도조차 않는다.

진구 씨는 요즘 뭐든 자기가 할 거라고 고집을 피우는 윤슬이 때문에 고민이라고 말했다.

아침을 먹이고, 시간 맞춰 어린이집에 보내야 하는 아빠의 다급한 마음은 아랑곳하지 않고, 마치 사춘기 아이처럼 뭐든 자기가 하겠다고 난리를 치는 통에 힘들어 죽겠다고 하소연을 했다.

"오늘 아침에도 밥을 떠 먹여 주었다고, 계란을 자기가 깰 건데 아빠가 했다면서 대성통곡을…. 휴, 요즘 이런 일이 매일 반복되고 있어 정말 힘들어요. 아내는 안 된다고 정해놓은 것은 아이에게 단호한 편인데, 저는 애한테 기껏 안 된다고 해놓고, 결국은 아이가 원하는 대로 해주고 말죠. 한 번도 애를 이겨본 적이 없어요. 이젠 윤슬이도 '어차

피 내가 원하는 대로 해줄 거면서 왜 저러나 몰라' 하는 눈빛으로 저를 본다니까요. 제가 주 양육자가 아니라서 그런 걸까요? 저는 원에서 보내는 알림장을 한 번도 써본 적 없어요. 애 엄마가 다 써요. 휴직까지 하고 애를 돌보고 있는데, 육아의 전권은 아내가 쥐고 있어요."

현재 육아에 집중하고 있음에도, 일정 기간이 지나면 다시 임시 양육자로 돌아갈 본인의 입장을 견지하고 있는 진구 씨처럼 보통 아빠들의 육아집중은 한시적일 때가 많다. 그러나 돌멩이나 찌지직처럼 한시적인 경험이라도 그것이 몸에 배면, 직장에 복귀한 후에도 육아와 집안일을 나눠서 감당한다.

그리고 묻지도 않았건만, 육아에 집중하고 있는 본인을 바라보는 가족과 이웃의 시선에 대해 재미있는 에피소드를 들려주었다.

"하는 일이 시간에 매여 있는 일이 아니다 보니, 제가 어린이집에서 아이를 데려오는 일이 많아요. 종종 같은 동네에 사시는 장인, 장모님을 만날 때가 있는데, 아이 손을 잡고 있는 저를 보는 두 분의 표정이 완전 달라요. 장인어른은 대낮에 남들 보기 안 좋게 남자가 애를 데리고 다닌다며 탐탁지 않은 표정이고, 반면에 장모님은 '최 서방이 고생이 많네.' 하시며 활짝 웃으시죠. 제가 안 하면 당신 몫이 될 일이라는 걸 아시는 거죠."

찌지직의 말처럼 그 연배의 남성들 눈에는 백수나 대낮에 아이를 돌보는 것이라는 편견에서 벗어나기 어렵다는 걸 알 수 있었다.

한편 진구 씨는 육아휴직 중에 동네에서 이런저런 일들을 겪었단다.

"하루는 슈퍼 아주머니가 조심스럽게 '엄마가 일 다니나 봐요?' 물으시더군요. '아빠가 백수라서 집에 있는가 봐요?'를 에둘러 물어보는 거죠. 엘리베이터에서 만난 아이가 '아저씨는 회사 안 가요?'라고 물은 적도 있어요. 그때 어쩔 줄 몰라 했던 아이 엄마의 눈빛이 아직도 기억에 남아요. 놀이터에서 만난 꼬마가 '어? 어제도 아저씨 봤는데.'라고 하는 말에 당황해서 나도 모르게 '육아휴직 중이야.'라고 일곱 살짜리 아이에게 해명한 적도 있어요."

마지막으로 세 아빠에게 육아에 집중한 경우 아이와 더 특별한 애착관계가 형성되는지를 물었다.

"아무래도 3년 정도 밀착해서 돌봤던 경험이 있어서인지 큰아이는 새벽에 깨면 저를 꼭 확인하고 다시 잠자리로 돌아가요. 늦게 들어가는 날이면, 다음 날 언제 왔냐며 꼭 문죠. 왜 늦었냐고 다그치기까지 해요. 저를 확인해야 뭔가 안정이 되나 봐요. 아이를 전적으로 돌보던 시기, 직장이 멀었던 아내는 새벽 6시에 나가 저녁 8시에 귀가했어요. 애가 하루 종일 저하고만 있었던 거죠. 오후 5시가 되면, 아이나 저나 둘 다 지쳐 얼른 아내가 돌아오길 기다렸어요. 아내가 저보다 돈을 잘 벌어 자처해서 한 육아라 큰 불만은 없었어요. 뭐, 남들이 보면 아내 등쳐먹고 산다는 소리 듣기 딱 좋았죠. 하하."

찌지직은 농담처럼 말했지만, '아내 등쳐먹고 살았다'라는 표현에서 누군가 돌봐야 하는 아이를 엄마가 아닌 아빠가 담당했을 뿐이며, 가사와 육아는 돈이 지급되지 않을 뿐이지 매우 강도 높은 노동이라는 사실을 무시하는 잘못된 통념을 읽을 수 있었다. 그리고 그런 농담이 이상하게 들리지 않는 우리 사회의 성역할에 대한 뿌리 깊은 고정관념에 아직 갈 길이 멀다는 생각도 들었다.

"2년 동안 휴직하면서 밀착 돌봄을 했는데, 잘 때는 오로지 엄마뿐이에요. 잠결에 어쩌다 안으면 발로 막 밀어내죠. 그럴 땐 솔직히 서운해요."

"우리 딸도 엄마가 돌아오면 그때부터는 엄마 옆에 찰싹 붙어서 저한테 오지도 않아요. 잘 때 밀어내는 건 저도 많이 당해요. 당연히 서운하죠."

온종일 같이 있어도 잘 때면 가차 없이 버림받는다는 아빠들의 하소연에 참 서운하겠다 싶으면서도 예전에 퇴근하고 집에 돌아가면 자기는 쳐다보지도 않는다고 아쉬워하시던 시어머님의 모습이 떠올라 웃음이 나왔다.

어쩜 이리 비슷할까? 아이들의 귀소본능 때문일까? 평온했던 엄마의 자궁이 그리워서 그러는 걸까? 아빠보다 훨씬 더 오랜 시간 축적된 교감의 양과 질적으로 전환된 관계의 밀도가 달라서일까? 정확한 이유야 모르지만, 아빠들에게 엄청 서운했겠다는 말로 위로를 전했다.

아빠들도 하루 종일 아이와 단둘이 시간을 보내면서 늦게 돌아올 아내를 기다릴 때 진한 외로움을 느낀다고 했다. 지쳐있는 아빠에게도 밤늦게까지 돌아오지 않는 아내를 기다리는 건 고독 그 자체였으리라.

오후 5시가 아이와 둘이 지내는 한계점인지 둘 다 지쳐서 예민해지기 시작한다는 대목에서 첫아이 때가 생각났다. 온종일 아이와 씨름하다 지쳐서 언제 돌아오나 목을 빼고 남편을 기다렸던 기억과 함께 어쩌다 늦는 날이면 화가 목구멍까지 치밀어 올랐던 그때의 감정이 떠올랐다.

모두가 똑같다. 아무리 아이가 예뻐도 온종일 아이에게 집중하는 건 쉽지 않다. 지치고 진이 빠지는 일이다.

진구 씨는 아이와 둘만 있으면서 세상과 단절되는 고독감을 느꼈다고 했다. 아빠도 엄마처럼 육아에 몰입하는 시기에, 원래 하던 일에서 영영 멀어질 것 같은 불안감을 느끼는 것이다. 노동시장에서 상품의 가치기준으로 생겨난 용어로 이해되는, 소위 경력단절남이 되어가는 것에 대한 막연한 불안감은 경력단절녀가 될까 두려워하는 여성과 조금도 다를 바 없다.

"엄마들이 말을 왜 많이 하는지, 왜 자주 울컥하는지 애를 키우면서 알게 됐어요. 울컥하는 나를 발견할 때마다 내가 왜 이러지 싶은 게 마치 영혼에 여성호르몬을 맞은 것 같은 느낌이에요. 와이프의 한마디에도 눈물이 나고…. 애가 제 마음을 말랑말랑하게 만들어주나 봐요."

그렇다. 진구 씨의 말 속에 돌봄의 비밀이 함축되어 있다. 돌봄은 기능의 문제가 아니기에 절대 일방적일 수 없다. 아이를 돌본다는 것은 매우 단순한 일의 반복처럼 보이지만, 돌봄을 경험해본 사람이라면 알게 된다. 돌봄은 한 인간의 욕구를 이해하고, 소통과 관계맺음을 통해 내적 성장을 이뤄내는 고차원적인 과정이라는 것을 말이다.

우리를 더 인간답게 만들어주는 돌봄은 남녀를 떠나 모두에게 축복의 기회임을 다시 한번 깨달았던 귀중한 시간. 세 남자와의 육아수다는 참으로 따뜻했다.

가장 흔한 착각

내 아이는
내가 제일 잘 압니다

크리스티안 노스럽 박사는 《엄마-딸의 지혜》라는 책에
서 한 개인이 겪는 인생의 여러 단계를 집에 비유했다.

집의 기초가 되는 지하는 한 인간의 육체가 독립적인 존
재가 되는 1층으로 올라가기 위해 거쳐야 할 산고, 출산, 산
후조리 시기라고 했다. 1층은 7년 단위로, 0세에서 35세까지
5개의 방으로 구성되어 있는데, 한 방에서 다음 방으로 옮
겨가는 성장단계에서 반드시 넘어야 할 장애물이 있으며 그
장애물을 넘기 위해 수준 높은 기술과 목표를 갖춰야 한다
고 말한다.

77세까지가 마지막 방으로 설정되어 있는데, 그렇다면 나는 불과 3개의 방만을 남겨 놓고 있는 셈이다. 인간의 수명이 연장되어 100세 시대를 이야기하고 있기는 하나, 다른 이의 도움 없이 독립적으로 일상생활을 꾸려간다는 조건이 붙는다면 84세까지 방 하나를 더 늘릴 수 있을 것 같다.

여하튼 노스럽 박사의 주장에 따르면, 나는 지금 가장 높은 층인 2층의 8번째 방에 머무르고 있다. 하나가 늘어난 총 12개의 방 중 8번째 방에 기거 중이니 정확히 인생의 3분의 2시기를 지나고 있는 것이다.

요즘 나는 중년의 방에 머물면서 지나온 7개의 방을 떠올리며, '나는 누구인가?' '나는 어디서 왔을까?' 같은 근원적인 물음에 답하기 위해 주변 사람들과의 관계를 돌아보는 데 집중하고 있다. 목표를 세우고 계획해서 벌리는 일 혹은 예상치 못하게 벌어지는 크고 작은 사건들 속에서 생겨난 사람들과의 관계를 통해 나를 성찰하는 시간을 갖는다.

그간 맺어온 무수히 많은 관계 속에서 가장 친밀한 관계는 한집에서 같이 먹고 자고 생활하는 남편과 세 딸들이다.

그리고 생계와 삶의 가치를 동시에 해결하기 위해 일과 활동으로 연결되어 있는 나의 동료들이다. 같은 동네 혹은 이웃 동네에 거주하고 있기 때문에 일과 일상을 공유하며 때론 가족보다 더 많은 시간을 동료들과 보낸다.

가족은 매일 반복되는 일상에서 필요를 공유하는 관계로, 어떠한 장애물을 만났을 때 혈연관계에 뿌리를 둔 엄청난 힘이 작동한다는 특징이 있다. 반면에 동료는 필요를 해결하는 과정이 더 구체적이고 분명한 관계로, 공동의 문제에 직면했을 때 그것을 뛰어넘기 위해 가족과는 다른 매우 복잡하고 큰 집단적 힘을 요구한다. 그래서 가족보다 내밀하진 못하지만, 때론 더 긴밀한 대화를 주고받거나 깊은 공감을 나눌 때가 있다.

현재 동료들과는 생계와 일상을 공유하는 특수성 때문인지, 과거 맺었던 그 어떤 관계보다 역동적인 경험을 함께 나누며 밀도 높은 관계를 유지하고 있다. 공동체에 속해 있어야 생활이 가능했던 과거라면 모를까, 도시에서 빡빡한 삶을 살아가고 있는 현대인에겐 좀처럼 경험하기 힘든 관계일 것이다.

이렇게 다양한 관계들을 맺으며, 원하든 원치 않든 순간순간을 선택하며 살아가고 있다. 그리고 그 순간의 선택들이 나의 욕구와 필요에 부합하는지 계속 고민하며, 나라는 사람이 어떤 사람인지 알아가는 중이다. 앞으로 남은 3분의 1 정도의 인생과 그 시간에 머물게 될 방에서도 나를 성찰하는 근원적 질문은 계속될 것이다.

이 성찰의 과정은 명료한 깨달음을 얻기 위해서가 아니라 일과 사람들과의 관계에서 갈등을 줄이고 평온을 유지하기 위해서다. 어떤 관계나 상황이든 각자의 입장과 이해관계가 존재함으로, 필연적으로 갈등이 발생할 수밖에 없다. 가급적 갈등을 억제하고 관리하기 위해 나를 성찰하고, 나와 가까운 주변 사람들과의 관계를 뒤돌아보는 게 최선의 방법임을 알기에 부단히 노력할 뿐이다.

예전에 성장과 힐링이라는 주제로 풀뿌리 여성주의 단체 너머서가 주관한 짧은 워크숍에 참여한 적이 있다. 관계의 밀도가 조금씩 다른 10여 명의 어른과 아이들이 함께 했다.

어른들은 동네를 벗어나 푸른 산에 놀러 와서 끼니 챙

길 걱정에서 벗어난 것만으로 충분히 힐링이건만, 알찬 프로그램까지 있으니 이런 호사가 없다고 마냥 좋아했다. 끼니 걱정만 없어도 힐링이라 고마워하니, 그 삼시 세끼가 우리의 목숨줄이자 목줄이었나 보다. 집을 떠난 자체가 탈출구가 된 걸 보니 말이다. 그런 격한 반응에서 이 땅의 여성이자 엄마들이 평소 얼마나 헉헉대고 종종거리며 살고 있는지 짐작할 수 있었다.

그날 워크숍에 온 초대 손님은 성장과 힐링에 대해 여성주의 관점에서 자신의 이야기와 지혜로운 여성들의 글을 교차하며 들려주었다. 요즘 내가 집중하고 있는 끊임없는 자기 성찰을 통해 내면의 단단함을 만들어가는 과정이 곧 성장이며, 과거와 연결된 현재의 나를 인정하고 사랑하는 것이 곧 치유의 과정임을 확인하는 특별한 시간이었다.

이야기 중간중간 인용되었던 여성 작가들의 글귀와 글쓰기를 통해 내적 단단함을 쌓아가는 여성들의 모임 소개는 바쁘다는 핑계로 책을 멀리했던 나의 일상과 게으름을 뒤돌아보게 했으며 지적 호기심까지 불러일으켰다.

아울러 격하게 공감한 이야기가 있었으니, 바로 엄마인 내가 내 아이를 가장 모르고 있다는 것이다.

자식을 겉을 낳지 속까지 낳는 건 아니란 말은 4차 산업 혁명 시대가 오고, 인공지능이 인간의 두뇌를 앞서는 시대가 와도 달라지지 않을 진리인 것 같다. 그런데도 나를 비롯한 엄마들은 아이가 배 속에 있을 때부터, 그래도 내 아이는 내가 제일 잘 안다고 믿는다.

세 아이를 키우며, 내 아이는 내가 가장 잘 안다는 생각이 착각이란 걸 충분히 겪었음에도, 아직도 아이의 생각과 행동이 내가 예측한 범위를 벗어나면 무척이나 당황스럽다. 그나마 겉으로 드러내지 않고 속으로 당황하는 것이, 몇 번의 곤욕을 치르고 얻은 나름의 성과라 할 수 있다. 특히 선생님과의 면담시간에 내가 알지 못했던 아이의 다른 모습을 알 게 될 때면 더 그렇다.

셋째 아이가 초등 1학년 때, 학교생활에 잘 적응하고 있는지 궁금하던 차에 담임선생님을 만날 기회가 있었다. 선생님은 막내가 그린 가족 그림을 내게 보여주었다. 엄마인 나는 용맹스러운 표범, 아빠는 순한 사슴, 큰언니는 여우, 작은언니는 고양이로 그려놓은 것을 보고 얼마나 웃었는지 모른다. 막내의 눈엔 그리 보였나 보다.

아이들은 부모에게, 특히 주 양육자인 엄마에게 인정받고 사랑받고 싶은 욕구가 너무 강해서 자신의 부족한 모습을 감춘다고 한다. 칭찬받을 수 있게 번듯한 모습을 보이고 싶은 욕구가 강하고, 형제자매가 많을수록 이 욕구는 더 두드러진단다. 칭찬받을 일을 많이 만드는 것과 반대로 사고를 치거나 걱정을 끼쳐서 관심을 유도하는 경우도 있다. 밥을 잘 먹지 않거나 갑자기 꾀병을 부리는 식으로 엄마의 관심을 끄는 것이다.

어린 시절 나의 모습을 돌이켜봐도 아이들이 엄마에게 보여주는 모습은 절대 전부가 아니다. 그러나 엄마가 되고 나면, 거짓말처럼 이런 당연한 사실을 까맣게 잊어버린다. 잊는 것까지는 좋은데 아이를 있는 그대로 보려 하지 않고, 내가 짜놓은 틀에 맞추려는 어리석은 짓을 반복한다.

아이는 엄마가 원하는 게 뭔지 기가 막히게 알아차리고, 그런 아이로 보이려 노력하기 때문에 엄마의 착각은 계속된다. 그 착각에 매몰되지 않으려면 아이를 바라보는 다른 눈이 필요하다. 그것이 한 아이에게 여러 명의 엄마가 필요한 이유이다.

내 아이를 바라보는 엄마의 눈에는 한계가 있을 수밖에 없다. '고슴도치도 제 새끼가 제일 곱다고 한다'는 속담을 봐도 알 수 있듯이, 자녀 문제만큼은 객관성을 잃고 맹목적인 태도를 보이기 쉽다.

대부분의 엄마들은 내 아이에 대한 부정적인 이야기에 예민하게 반응한다. 내 자식 칭찬은 백번 들어도 기분이 좋지만, 흠이라 생각되는 부분은 부정하고 싶기 때문이다. 크게 흠이 되지 않는 문제도 우선 내 새끼 싸고돌기라는 방어기제가 발동하여, 다른 엄마의 말을 제대로 수용하지 않는 편협함마저 보인다.

하지만 시간이 지나고 난 뒤 그때 누군가가 그 이야기를 내게 해주지 않았더라면 어땠을까 하고 가슴을 쓸어내리게 되는 때가 있다. 이것이 바로 공동체가 사라져서는 안 될 이유와 연결된다. 아이 입장에서는 엄마에게 차마 말하지 못하는 고민을 털어놓을 누군가가 필요하고, 엄마 입장에서도 아이가 더 힘든 상황에 빠지기 전에 아이의 다른 모습을 발견해주는 고마운 이웃이 필요하다.

엄마와 아이의 밀회 같은 그 착각이 언제 깨어지느냐는 아이와 엄마의 성장에 달려있다. 대부분의 아이들은 사춘기를 거치며 자신의 존재에 대한 외부 시선과 정체성에 대한 혼란으로 좌충우돌한다. 몸은 몸대로 변하고, 성적 욕구를 포함한 여러 가지 욕구들이 들끓는다.

부모 역시 어느 순간 아이들의 눈치를 보며 대화하는 자신을 발견하게 된다. 모두가 겪는 대역전의 순간이 오는 것이다. 중년 남성들은 더더욱 자녀들과 소통하는 데 어려움을 겪는다. 딸과 대화하기 위해 재롱 아닌 재롱을 떠는 남편을 보고 어이가 없었다는 친구들의 이야기를 들었다. 내 남편에게서는 아직 보지 못한 모습이지만, 어쩌면 그만의 방식으로 아이들의 환심을 사려 노력하는지도 모를 일이다.

자신만의 세계에 깊이 빠지는 10대 후반이나 20대 초반부터 아이들은 부모의 영역 밖에 있다. 아니 그 이전부터 부모의 영역 밖이었는데, 우리가 아이들의 보호자라며 착각하고 있었는지도 모를 일이다.

요즘 나는 20대인 두 딸의 급격한 변화를 여러 곳에서 감지하고 있다. 그 시절 내가 그랬듯이, 딸들은 더 이상 엄마에게 이런저런 이야기를 조잘조잘 들려주지 않는다. 엄마의 말이 잘 먹히지도 않는다. 세상을 바라보는 나만의 관점을 세우고, 자신의 길을 스스로 개척하고, 또 그래야만 하는 시기에 들어선 것이다.

성인이 된 아이들은 부모인 우리를 어떻게 생각할까? 어릴 직 생각하던 그 모습 그대로일까?

'과거는 현재와 연관되어 끊임없이 소환되는 것'이라 했던가. 어느 학자의 개념화된 말을 우리는 피부로 느끼며 살아간다.

지난 시절 나는 왜 그랬는지, 우리 엄마는 왜 그렇게 말했는지 같은 여성이자 엄마로 살아보니 뒤늦게 알아차리게 되는 것들이 있다. 그 당시엔 몰랐던 것이 현재 나의 삶의 조건과 지나간 경험에 따라 재해석되고 다른 의미로 다가온다. 그러면서 그 일이 왜 일어난 것이며, 지난 삶의 궤적과 어떻게 연관되어 있는지를 발견하게 된다.

그러나 이러한 재해석이 늘 긍정적인 것은 아니다. 최근 결혼을 앞둔 큰딸과 속 깊은 이야기를 나누면서 아이가 재해석한 남편과 나의 모습에 깜짝 놀라고 속상했던 적이 있다. 과거 어떠한 상황에서 우리는 결코 의도한 바 없지만, 아이는 정말 속상했고 힘들었다는 것이다. 게다가 그 힘듦의 원인이 우리 생각과는 완전히 동떨어진 것임을 알게 되었다. 아이의 표현을 부모의 방식으로 받아들였을 뿐 정작 중요한 건 놓치고 지나갔다는 것을 뒤늦게 깨달은 것이다. 그 사실을 알고, 한동안 뒤통수를 세게 얻어맞은 것처럼 아프고 멍했다.

큰아이와의 대화를 통해 아이가 자신의 삶에서 힘들고 아팠던 기억을 성장의 동력으로 만드는 건 제 몫이지만, 부모로서의 변화와 아이와의 관계는 우리 몫이라는 걸 겸허히 받아들이게 되었다.

성장과정에서 자신의 욕구나 필요를 잘 표현하는 아이도 있지만, 그렇지 않은 아이도 많다. 어릴 적 나처럼 부모의 입장이나 조건을 먼저 생각하고 애써 돌려서 표현하는 아이도 있고, 자신이 무엇을 원하는지 잘 모르는 아이도 있다. 모든 아이가 뚜렷한 성격유형에 맞게 생각하고 행동하는 건 아니지만, 최소한 어떤 방식으로 자신을 드러내고 표현하는지는 알아둬야 한다.

아이를 파악하는 것과 동시에 나는 어떤 유형의 사람인지, 어떤 유형의 부모인지 분명하게 아는 것 또한 중요하다. 아이는 일정 시기 부모의 영향을 받을 수밖에 없고, 부모의 성격과 태도에 따라 긍정이나 부정으로 강화되기 쉽기 때문이다.

일상에서 관심과 소통이 중요하다는 것을 잘 알고 있지만, 우리가 처한 상황과 조건이 그것으로는 충분하지 않게 만든다. 그래서 공부도 하고, 남들은 어떻게 부모역할을 하고 있나 들여다볼 필요가 있다. 한마디로 부모역할과 나에 대한 성찰을 게을리하지 않아야 한다.

부모로서 나를 돌아볼 때 제일 먼저 해야 할 일은 내 아이니까 내가 가장 잘 안다는 착각을 버리는 것이다. 더 솔직히 말하자면 '내 아이지만 잘 모른다'라는 사실을 인정해야 한다.

착각에서 벗어나 아이와의 관계를 한 걸음 떨어져서 바라보는 것은 아이를 이해하고 부모역할을 수행하는 데 큰 도움이 된다. '쟤가 대체 왜 저러나?'에서 '우리 애한테 저런 면이 다 있었네.'로, '어떻게 저런 생각을 할 수 있지?'에서 '그렇게 생각할 수도 있겠다.'로 생각의 전환이 일어나며 좀 더 유연한 대처가 가능해진다.

"열 달을 품고 있다가 배 아파 낳았는데, 내 아이를 내가 가장 잘 아는 게 당연하죠."

아니, 당연하지 않다.

부모로서 오만과 편견을 버리는 일이야말로 좋은 부모역할의 첫걸음이 아닐까?

부모로 산다는 것은

기대와 비교는 욕심의
다른 버전일 뿐이라는 걸

기다리고 기다리던 단비가 내렸다. 제법 빗방울 소리가
시끄러울 정도로 내린 비다운 비였다. 아침부터 구름은 잔
뜩 껴있는데, 좀처럼 비가 내릴 낌새를 보이지 않아 걱정했
었다. 최근 신문과 뉴스에서 가뭄으로 처참하게 갈라진 논
밭을 자주 목격했기 때문이다.

우리 텃밭이야 지하수를 끌어올려 물을 주면 되는 데다
불과 50평 남짓한 공동텃밭인지라 부지런히 돌아가며 물을
주니 가장 많이 심은 감자 외에도 토마토, 고추나무에도 모
두 꽃이 피고, 그 자리에 열매를 달았다. 근대와 아욱, 쑥갓

은 솎아 먹기에도 숨이 찰 정도로 쑥쑥 자라고 있다.

강수량이 줄어 농사에 피해가 있다는 기사는 근래 자주 접했지만, 유난히 심했던 올해는 농부들의 가슴이 타다 못해 쩍쩍 갈라져 있을 것 같다. 여러 해 동안 가뭄이 계속되면서 물이 마른 계곡엔 무성한 풀만 자라고 있어, 시원한 물줄기가 흐르던 모습이 언제인가 싶을 정도였으니….

지금 내리는 비는 작은 우리 텃밭에도, 타는 농부의 가슴만큼 갈라진 논밭에도 오겠지. 고맙고 또 고맙다.

보고만 있어도 기분이 좋아지는 단비가 내린다. 욕심 같아선 세찬 폭풍우를 동반해도 좋으니 장대비가 시원하게 쏟아지길 바라지만, 혹여 입방정이 될까봐 이게 어디냐 싶어 가늘어도 좋으니 금방 그치지 밀고 계속 내려주길 마음속으로 기도했다.

살면서 욕심을 접을 때는 언제일까? 절박해서 진심으로 욕심을 내려놓을 때 말이다.

'건강하게만 태어나다오. 눈코입이 조각 같지 않아도 되고, 키가 크던 작던, 영리하건 아니건 상관없으니 제발 무사히 태어나다오.' 진통이 시작되어 견딜 수 없는 고통을 호소하는 아내 옆을 지키는 아빠들의 바람이 그럴 것이다.

25년 전 첫아이를 출산할 때, 소리 지를 여력도 남아 있지 않았던 내게 남편은 이렇게 말했다.

"하나만 낳고, 다시는 낳지 말자."

그 당시 남편의 표정과 목소리는 결연했다. 목소리와 표정에는 '내가 해줄 수 있는 게 없어서 너무 안타깝다. 아이 낳는 게 이렇게 힘든 거라면 다시는 낳지 말자. 아이보다 당신이 더 소중하다.'라는 메시지가 담겨있었고, 아이 욕심은 내려놓자는 이야기를 함축하고 있었다.

그러나 결과적으로 보면, 남편의 말은 거짓말이 되었다. 그 뒤로 아이 둘을 더 낳았으니 말이다. 첫아이 출산 당시 남편이 했던 말은 진심이었을 것이다. 단지 임신도 출산도 젖 먹이는 일도 생물학적 남성인 자신이 직접 겪는 일이 아니니 곧 잊힌 것이리라.

나 역시 욕심을 내려놓았던 시기가 있었다.

내 나이 마흔에 엄마가 뇌경색으로 쓰러지신 뒤 돌아가

시기까지 2년, 그리고 엄마가 세상에 없던 첫 1년이 지금껏 살아온 시간 중에 가장 깊은 낭떠러지로 떨어진 시기였다.

위무력증과 위하수증라는 진단을 내리며, 독한 마음을 먹고, 운동을 열심히 하는 것밖에는 별다른 치료 방법이 없다는 의사의 말은 약과였다. 혀를 끌끌 차며 지금 당장 자리를 펴고 누워도 이상하지 않다는 말부터 종국에는 종교를 가져보는 것도 도움이 될 거라는 조언까지 들었다. 몸과 타고난 자연의 기운을 볼 줄 아는 전문가들이 내게 해줬던 이야기였다.

그 시간 동안 나는 많은 욕심을 내려놓아야 했다. 몸이 욕심을 감당하기엔 너무 약해져 있었고, 몸 상태에 영향을 받아 내적인 에너지도 많이 상실한 상태였기 때문이다. 하지만 그 지경에 이르러서도 사소한 것조차 계속 신경 쓰고 마음에서 떠나보내지 못하다 보니, 욕심을 내려놓고 평온해지기가 쉽지 않았다.

마음이 평온해질 방법을 찾던 중에 결국 요가와 명상 덕분에 끈질기게 매달려있던 욕심을 내려놓을 수 있었다. 남편에게 기대하고 실망하고, 그러면서 깊어진 갈등의 골은 물론이고, 가까운 지인과 틀어진 관계에서 입은 상처로 스스로를 괴롭히지 않기 위해서는 마음을 비우는 수밖에 없었다. 모든 걸 내려놓고, 나 자신을 관조하면서 망가진 몸을 회복하는 데 집중했다.

인생의 낭떠러지에서 올라오기 위한 3년간의 몸부림을 포함해 몸이 회복되기까지 거의 10년의 세월이 걸린 듯하다. 매우 더디고 느린 회복의 시간이었다. 그 10년의 시간은 20킬로그램이 넘게 빠졌던 몸무게를 예전으로 아주 조금씩 돌려놓는 시간이기도 했다.

그런데 몸이 회복되어 가는 과정이 그렇게 더디고 힘들었던 것과 달리 욕심이 다시 차오르는 과정은 그렇게 빠르고 쉬울 수가 없었다. 살기 위해서 욕심을 내려놔야 했던, 그 절실함도 채 10년을 가지 못했다. 삶이란 때론 늪 같아서 정신을 차리고 살지 않으면 어느새 빨려 들어가고 있는 자신을 발견하게 된다.

"남들은 태교여행이다 태교수업이다 많이들 하는데 우

린 해주는 게 없어서 아기에게 미안하고 속상해요" "왜 이렇게 모유수유가 안 되는 걸까요? 모유량을 늘리는 데 좋다는 건 다 먹어 보는데도 효과가 없어요. 이대로 모유수유에 실패하면 어떡하죠?" "말이 너무 느려요. 같은 개월 수의 동서네 애는 정말 잘하던데…." "왜 공부에 관심이 전혀 없을까요?" "그 수능점수면 더 높은 서열의 대학에 갈 수 있는데, 굳이 거기만 가겠다고 고집을 피우니 참 속상해요." "결혼할 사람에 비하면 대학도 직업도 우리 애가 훨씬 아깝죠."

대한민국 부모라면 누구나 해봤음직한 고민들이다. 우리는 임신을 시작으로 아이들이 성장하는 내내 부모로서 불안과 걱정을 끼고 살아간다. 하지만 가만히 늘여다보면 아이를 위한 그 수많은 불안과 걱정들 중심에는 부모인 내가 자리하고 있다. 기대와 비교에서 비롯한 불안은 욕심의 다른 버전일 뿐이다. 이 불안이 누구의 불안인지 확인하는 것만으로 전전긍긍하는 일상에서 한 발짝 벗어날 수 있다.

아이들은 계속해서 성장한다. 신생아 때는 체중이 3~4개월 만에 두 배가 되고, 키도 하루가 다르게 자란다. 유아기를 지나 청소년기, 청년기를 거쳐 삶의 주체로 우뚝 서기까지 끊임없이 변화한다. 스물여섯인 큰아이도 생각지도 못한 모습을 보여주며 계속 변화하고 있다.

고등학교 3년 내내 공부를 빼놓고는 후회할 일이 없다던 그 애는 간호사가 되고 싶다며 간호학을 선택했고, 지방에서 4년간 기숙생활을 하며 나름 열심히 공부했다. 졸업 후 서울의 한 대학병원에서 근무하게 됐지만, 한 달 만에 이렇게는 살고 싶지 않다며 그만두었다. 그보다 규모가 작은 재활전문병원에 들어가서 근무한 지 1년이 다 되어간다. 딸아이 말로는 근무 조건은 좀 떨어져도 반인권에 가까운 대학병원의 노동 강도와 권위적인 조직 체계보다는 한결 낫단다.

딸아이의 결정에 많은 지인들이 조언을 쏟아냈다. 대학병원 3년은 경험해야 간호사로서 선택의 폭이 넓어진다는 사람도 있었고, 그래도 급여와 복지는 대학병원이 더 나은데 고생 좀 하면 될 걸 그걸 못 참고 한 달 만에 그만뒀냐며 뭐라고 하는 사람도 있었다.

딸아이에게 대학병원의 열악한 노동환경에 대해 들으며, 30년 전과 거의 달라진 게 없는 현실에 나 또한 얼마나 분노했던가. 그럼에도 미래를 위해 대학병원에서의 경험이 필요하지 않겠냐는 나의 말에 딸아이는 이렇게 답했다.

"엄마, 나는 미래를 위해 자존감을 바닥으로 떨어뜨리면서까지 일하고 싶지 않아요. 내 몸을 혹사시키고 싶지도 않고요. 꾹 참고 버티면 더 좋은 급여와 복지 혜택을 받을 수 있고, 제 경력에도 많은 도움이 되겠죠. 하지만 저는 미래보다 지금이 더 중요하고, 지금의 삶에 감사하고 있어요."

미래를 위해 참으라는 고루한 나의 말에, 단칼에 그렇게 생각하지 않는다는 딸아이의 답변으로 그 이야기는 단박에 종결됐다. 사실 대학병원 포기가 나중에 어떤 영향을 끼칠지는 누구도 알 수 없다. 게다가 청년실업 문제가 심각한 요즘 대학병원이고 뭐고 딸아이가 간호사로 사회에서 한몫을 담당할 수 있다는 게 얼마나 감사한 일인가.

병원 기숙사에 살고 있는 큰딸은 오프날이면 커다란 배낭을 짊어지고 산으로 간다. 조금만 걸어도 발목이 아프다며 걷는 걸 유난히 싫어했던 그 아이가 맞나 싶다. 지금은 오히려 산을 오르며 발목에 힘이 생겼다며 좋아한다. 최근엔 백팩킹 카페에 가입해서 많은 여성들과 공감과 연대를 나누는 새로운 즐거움을 만끽하고 있다. 그러면서 여성들을 위한 백팩킹 책을 쓰고 싶다는 목표까지 세웠다. 그 목표가 언제 어떻게 변할지는 모를 일이나, 하고 싶은 일에 빠져서 목표를 세우고 도전하는 모습이 삶의 활력을 발산하며 살고 있다는 증거 같아 보기 좋다.

게다가 자기 삶의 철학이 자급자족이라며 재봉틀 배우기에 도전한단다. 큰아이가 태어나기 전에 재봉틀로 이것저것 만드는 일에 재미를 붙인 적이 있긴 하지만, 그 애가 이런 것에 관심을 가질 거라고는 전혀 생각하지 못했다. 더욱이 삶의 철학이 자급자족이란 말에 '오호, 이것 봐라?' 하고 입이 쩍 벌어지고 말았다.

동네 사람들과 함께 돌보는 공동텃밭에 가고 싶다며 와보질 않나, 며칠 뒤에 있을 감자파티에 불러 달라고 하지 않나, 정말 의외였던 딸아이의 행동이 그제야 이해가 갔다. 생각해보니 텃밭도 재봉틀도 백팩킹도 딸아이가 추구하는 자급자족의 삶과 맞닿아 있었다.

큰아이가 집에 오는 일은 뜸하다. 알아서 잘 살고 있는 모습을 보고 있으면 참 고맙다가도, 전화마저 드물 땐 슬그머니 서운한 마음이 든다. 정작 전화를 자주 안 하는 무심한 엄마인 나는 까먹은 채 말이다. 매우 소비적이고 경쟁적인 사회 안에서 자급자족의 철학을 실천하고, 몸을 움직여 자연을 느끼고 관계를 맺어나가는 딸의 모습에 신기하면서도 기특하다.

지방에서 대학을 다녔던 4년 동안 딸아이가 기죽어 지내는 건 아닌가 하고 내심 걱정한 적도 있었다. 그런데 아이는 그 시기를 보내면서 또 다른 결핍과 내면의 욕구, 그리고 어떻게 사는 것이 행복한 것인지 고민하며 계속 성장했던 것 같다. 아직 앞길이 창창한 인생이니 어떤 여성으로 살아갈지 알 수 없지만, 적어도 자기 철학과 실천이 연결된 삶을 살아갈 거라고 믿는다.

한 사람의 인생에는 다양한 스펙트럼과 셀 수 없이 많은 변화의 기점이 있다. 나의 지난 삶을 돌아봐도 그렇고, 우리 아이들이 성장해온 모습을 봐도 그렇다. 그런데도 우리는 아이들을 향한 걱정과 기대로 몸살을 앓는다. 과연 나의 불안과 걱정이 아이의 미래에 도움이 되는지 곰곰이 생각해 볼 일이다.

"부모의 역할은 자식이 비를 맞을 때 우산을 씌워주는 것이 아니라 뒤에서 그 비를 함께 맞아주는 것이다." 부모 특강에서 고병헌 교수가 한 말이다. 이 말은 '돕는다는 것은 우산을 들어주는 것이 아니라 비를 함께 맞으며 걸어가는 공감과 연대의 확인'이라는 신영복 교수의 이야기와도 맥락을 같이한다.

비가 올 것 같으면 알아서 우산을 씌워주기보다 언제든지 아이와 함께 비를 맞을 각오와 준비를 해두는 것이 부모인 우리들이 할 일이다. 한 발짝 떨어져서 걷되 아이와 연결된 끈을 놓지 않고, 묵묵히 부모의 길을 걸어가는 것이 지나친 걱정과 기대에서 벗어날 수 있는 방법이다.

등 뒤에서 지켜보는 일은 결코 쉽지 않다. 가만히 있자니 자꾸 초조하고 불안한 생각이 밀려든다. 비를 맞는 일은 어른도 힘이 드니 웬만하면 피해갔으면 싶은 게 부모의 마음이다. 그러나 아이들이 성장하기 위해 맞아야 하는 비를 무슨 수로 막는단 말인가! 설사 막을 방법이 있다 해도 그래서는 안 될 일이다.

거센 비도 견딜 수 있는 힘을 길러주고, 한 발짝 떨어져 지켜보는 내공을 키우는 것이야말로 부모로서 우리가 할 수 있는 최선이다. 그리고 그렇게 아이와 함께 비를 맞으며 좀 더 나은 부모로 성장해가는 것이리라.

우리가 부모라는 이름을 달고 있는 이상은 말이다.

부모의 역할은 자식이 비를 맞을 때
우산을 씌워주는 것이 아니라
뒤에서 그 비를 함께 맞아주는 것이다.

어서 와, 스무 살의 엄마

믿는 만큼 성장한다는 말을
다시 새겨본다

"세탁기가 다 돌아갔는데 아무도 안 널었네. 경모야, 빨래 좀 널어라!"

아침이라고 하기엔 민망할 시간, 이제 막 잠자리에서 일어난 것처럼 보이는 막내를 향한 곱지 않은 시선과 명령조의 어투로 모녀의 하루가 시작되었다.

이것으로만 끝났더라면 좋았을 것을….

"어젯밤 언제 들어왔니? 이러니저러니 말할 것 없이 너도 똑같네."

이런저런 잔소리에도 웃으며 대꾸하던 막내는 이 대목에서 폭발하고 말았다.

"왜 비꼬면서 말하는 건데? 엄마가 나에 대해 뭘 알아! 나한테 관심도 없으면서."

"뭐라고? 관심도 없다고? 너야말로 엄마에 대해 뭘 안다고 함부로 그런 말을 해! 세상에 어느 부모가 자식한테 관심이 없을까? 요즘 내내 참다가 한 마디 한 건데, 적반하장도 유분수지. 대체 내가 뭘 비꼬았다는 거니?"

막내의 항의에 울컥해서 나도 모르게 야멸차게 쏘아붙였다. '관심도 없으면서'라는 말에 울먹이지만 않았을 뿐 내심 억울한 마음에 아이와 똑같은 스무 살이 되어버렸다.

백련산 여기저기 활짝 핀 진달래며 벚꽃을 보며 "예쁘다! 진싸 봄이로구나!"를 연빌하며 꽃 앞에서 사진도 찍고, 여유롭게 산책을 마치고 내려온 직후였다. 기분 좋게 걷고 돌아오자마자 이 난리라니.

2020년 셋째 경모가 드디어 스무 살이 되었다.

"아이고, 다 키우셨네요. 그 집은 이제 애들한테 신경 안

써도 되겠어요."라는 소리를 듣게 될 거라 기대하는 스무
살. 이때 '다 키웠다'는 말에는 '학부모를 졸업해서 홀가분하
시겠어요?'라는 의미가 담겨있다.

첫째, 둘째 아이 때 이미 겪었던 시간들이지만, 어째 아
래로 내려갈수록 학부모로서 짊어진 무게가 더 무거우면 무
거워졌지 가벼워졌던 적이 없는 것 같다. 물론 인서울 대학
을 목표로 하나부터 열까지 밀착 지원하는 엄마에 비하면
내가 들인 비용이나 노력은 정말 아무것도 아니라고 할 수
있다. 대한민국 평균에도 한참 모자라는 수준이니까.

그러나 우리 정부의 입시제도에서 벗어나지 못했던 나
또한 결국 학부모라는 굴레에서 완전히 자유로울 수 없는
노릇이었다. 남들처럼 마음 졸이며 종종거리는 일이 적었을
뿐 나라고 딸아이의 진학 문제에 초연할 수 있는 것은 아니
었다.

그날 아침 아이의 '관심도 없으면서'라는 말은, 그래서 더
아프게 내 가슴을 찔렀다. 감정이 폭발해 아이에게 쏘아붙
인 데는 무관심으로 취급된 억울함도 있었지만, 좀 더 신경
을 써주지 못한 자책감과 미안함이 바닥에 깔려 있었다.

막내 역시 내 마음과 같지 않았을까. 기대에 부응하지 못한 속상함과 현재 상황에 대한 불만이 합쳐져 원망의 말이 터져 나온 것이리라.

막내는 수시로 대학 문을 두드렸으나 입학원서를 냈던 6개 대학에서 모두 불합격 통지를 받았다. 한 대학씩 결과가 발표될 때마다 속상해서 우는 막내의 등을 두드려주며 대학은 정말 필요할 때 가면 되는 거고, 대학이 인생의 전부는 아니라고 위로했다. 가뜩이나 눈물이 많은 아이는 마지막 대학에서 받으나마나 한 예비번호를 받고 아이처럼 내 품에 안겨 펑펑 울었더랬다.

남들에게 뒤처지기 싫어 그런대로 공부해서 얻은 괜찮은 성적이있다. 막내 말로 나름 최선을 다한 결과였다. 그러나 괜찮은 성적에도 불구하고, 입시에 딱 맞는 전략과 준비가 부족했던 탓인지 미역국을 먹고 말았다. 처음부터 몇 과목이라도 수능 최저등급을 맞추는 방식을 선택했으면 다 떨어지지는 않았을 텐데…. 수험생활이 끝나고 나니 그제야 아쉬운 지점들이 곳곳에 보였다.

입시전략을 같이 짜고, 전략을 구체적으로 실행하는 과정에서 아이가 필요로 하는 것을 척척 안배했더라면 결과가 달라졌을까? 모를 일이다. 하지만 부모의 경제력과 정보력이 고스란히 투영되는 입시전쟁에 나까지 합류하고 싶지 않았다. 부모의 개입을 최소한으로 줄이고, 아이가 주도적으로 결정하고 실행하는 것을 원칙으로 삼은 것은 부모로서 나의 일관된 태도였다. 세 아이 모두 그랬다.

이런 나의 원칙과 태도가 딸들에게는 무관심과 방임으로 비춰졌을 수도 있겠다. 게다가 제 할 일 하기에도 벅찬 엄마라서 자신의 일을 세심하게 챙겨주지 못하는 것에 원망스러운 마음도 분명 있었을 게다. 딸들은 간혹 모든 걸 다 알아서 해주는 엄마에 대해 부러움을 내비치는 것으로 나에 대한 불만과 아쉬움을 표현하곤 했으니까.

그동안 내 아이를 남들보다 잘 키우는 데 에너지를 쏟기보다는 아이들이 살아갈 세상을 바꾸는 데 집중했다. 탁틴맘 활동을 통해서는 예비엄마들을 돕고, 육아와 가사에 남편을 동참시키려 지속적인 노력을 기울였다. 상담과 교육,

사회운동 방식으로 일상의 문화를 바꾸기 위해 애써온 시간들이었다. 그래야만 여성과 남성, 아이들이 모두 행복한 삶을 살아갈 수 있다고 생각했기 때문이다.

마을이라는 공동체를 만났을 때도 마찬가지였다. 추구하는 가치가 일상과 더 밀접해지는 것과는 별개로 엄마로서 나는 바쁘긴 매한가지였다. 공동체의 수혜자라고 생각하는 막내의 경우 엄마와 함께 보낸 시간이 두 언니들보다야 많았으나 일상이 뒤섞인 공동체 활동으로 인해 둘만의 시간은 오히려 줄어들었다.

막내 경모는 바쁜 엄마를 대신해서 동네 친구들, 이웃 어른들과 시간을 보냈다. 엄마가 세심하게 돌봐주지 못한 부분을 이웃 엄마들이 챙겨주고, 생각이 잘 통하는 동네 친구들이 언제나 함께하니 별 문제 없이 잘 성장해왔다고 생각했다.

그래서 오늘처럼 엄마에 대한 불만이 폭발하는 순간이 오면 무척 당황스럽다. 사실 이런 당황스러움이 한두 번도 아니고, 이제 익숙해질 법도 하건만 막상 그 순간이 닥치면 대처가 미숙하기 짝이 없다.

아이와 똑같이 스무 살이 되어 아이에게 쏘아붙인 건 순간적으로 부모라는 입장을 잊은 채 상처받은 내 자신을 방어하는 데 급급했기 때문이다. 세 아이를 키우며 견지해 온 내 철학과 가치, 그에 따른 선택이 잘못되지 않았음을 주장하기 위해서기도 했다.

사실 딸아이가 거기까지 생각해서 한 말은 아니었을 것이다. 그저 엄마에게 쌓인 서운함이 터져 나온 것일 뿐. 예상치 못한 막내의 공격에 당황해서 더 센 공격으로 받아치는 과잉 방어로 맞선 게 문제였다.

한바탕 말싸움이 끝나고, 훌쩍이면서 빨래를 널고 나갈 준비를 하는 딸아이를 보며 마음이 편치 않았다. 외출을 해서도 '나한테 관심도 없으면서'라는 아이의 말이 머릿속을 떠나지 않았다. 이동하는 중간에 막내에게 카톡으로라도 마음을 전해야겠다 싶어 고민하다 메시지를 보냈다.

알아서 잘 하겠지 싶다가 걱정이 되어 몇 마디 하게 되었다. 내 말이 비아냥대는 거로 들려서 기분이 나쁘고 억울했다면 미안하다. 시간 이 너무나 빠르게 지나는 것처럼 느껴져 초조했던 것 같다. 괜히 서 로 언성만 높이고 마음만 상할 뿐인데.

'관심도 없으면서'라는 너의 말에 마음이 많이 상했던 것 같다. 사 람마다 생각도 방식도 다른데, '네가 관심도 없으면서'라는 말로 그 동안 엄마가 처한 상황에서 나름 최선을 다해 살아온 것을 무시하 는 것 같아 속상하고 화가 났다.

묻지도 않은 것을 먼저 이야기하는 것이 네게 부담이 될 거라 생각 해 적당한 기회에 말해야지 했었는데 이리 되었네.

나의 메시지에 딸아이도 장문의 카톡을 보냈다.

관심도 없다는 말은 엄마 입장을 생각하지 못하고 말한 것 같아. 섭 섭하다는 말도 너무 엇나간 말이기도 하고⋯. 엄마의 입장도 모르면 서 함부로 판단하고 말한 건 정말 미안해.

하지만 그때도 말했듯이 나는 내가 마음먹어야만 하는 스타일이 고, 일단 하면 열심히 하는 편이야. 완벽하게는 아니지만 나름대로 계획도 열심히 짰어. 그런데 그런 내 노력이 무시당하는 것 같아서 너무 속상했어.

지난 일주일은 엄마한테 신뢰를 주지 못한 행동을 많이 한 건 사실이야. 하지만 그래도 친구를 만나는 건 내가 지치지 않게 이 장기전을 버티는 하나의 방법이기도 해. 그게 지나치면 문제겠지만 나도 그렇게 생각 없이 사는 애는 아니니까 지켜봐줬으면 좋겠어.

그래. 역시 내가 조바심을 내고, 감정조절을 못해 큰소리를 냈다는 생각이 드네.

믿는 만큼 성장한다는 말을 다시 새겨본다.

우린 이렇게 서로의 마음을 전하며 화해를 했다. 아이가 먼저 자신의 생각과 마음 상태를 차분히 말하게 해줬으면 좋았을 것을. 그러지 못하고 감정이 폭발한 다음에야 아이의 생각을 이해할 수 있었으니, 아직도 부모로서 내공이 부족한 탓이다.

한 번씩 아이와 부딪칠 때면 그동안 어떻게 부모역할을 해왔나 하고 나 자신을 뒤돌아보게 된다. 지난 일들을 되짚어보면 찔리는 구석들, 인정하고 싶지 않은 것들이 떠오른다. 이번에도 마찬가지다. 갑작스러운 감정의 충돌에서 나는 왜 삶의 철학과 원칙까지 끌어들이며 흥분했을까 곰곰이 생각해보니, 결론은 이거였다.

엄마로서 아이에 대한 무관심에 대한 최소한의 이해를 얻는 것으로 내 상처를 줄이려고 했던 것. 이것도 심리학적으로 말하는 내면아이 탓이려나.

무심함에서 벗어난다는 것은 일상에 세심함을 더한다는 뜻일 게다. 아이가 빠져 있는 가수는 누군지, 좋아하는 음식은 뭔지, 어떤 친구들을 사귀고 있는지, 요즘 어떤 고민거리가 있는지. 이런저런 주제들을 가지고 가볍게 수다를 떨다 보면 진로나 미래 계획 같은 깊이 있는 고민도 자연스럽게 듣게 된다. 그런데 자투리 시간을 활용해 일상의 이야기를 나누려고 노력하지 않고, 그저 각 잡고 제대로 대화할 시간을 확보하려 애쓴다.

'언제 기회를 봐서 깊이 있는 대화를 나눠봐야지.' 하는 진지한 계획은 적당한 시간을 잡기도 어렵고, 어떤 말로 대화의 물꼬를 틀 것인지 정하기도 쉽지 않다.

나 역시 이미 알고 있는 사실을 막내와 부딪히고 나서야 다시 한번 깨닫다니!

에구, 맙소사다! 정말.

눈높이를 맞추려면 턱을 한참 쳐들고 바라봐야 할 만큼 훌쩍 커버린 막내. 자란 키만큼이나 자신의 세계를 단단하게 쌓아 올리는 모습을 볼 때면 대견한 마음이 드는 한편, 거칠 것 없었던 스무 살의 내 모습이 떠올라 조금 겁이 나기도 한다. 우리 엄마도 스무 살의 날 보며 그랬을까?

첫째, 둘째도 이미 겪은 성년의 초입이건만, 막내의 스무 살은 왜 이리 새로운지 모를 일이다.

세 번의 육아 경험에도 여전히 같은 실수를 반복하며 산다. 그 어리석음 사이로 새로운 내 모습을 발견하면서….

정성과 욕심의 경계에서

반성과 자책은 넣어두고
엄마인 나에게 예의 차리기

그제부터 장대비가 쉬지 않고 쏟아졌다. 빗소리를 꽤 좋아하는 편인데도, 어찌나 폭우가 쏟아지는지 시끄러워 잠을 이룰 수 없을 정도였다. 한동안 가물었던 날씨를 생각하면 다행이다 싶다가도 텃밭에 심어놓은 토마토와 가지, 고추, 콩, 감자 생각에 더럭 걱정이 앞섰다.

싹이 나고 자라는 내내 다른 집 텃밭에 비하면 부실한 모양새라서 세찬 비를 잘 견뎌줄까 하는 염려와 일전의 비바람에도 끄떡없었으니 이번에도 괜찮을 거다 싶은 마음이 오락가락했다. 차로 20분은 가야 하는 곳이라 자주 가보지는 못했지만 마음 한편은 늘 텃밭에 가 있었다.

　작년에는 한 달에 한 번 꼴로 텃밭에 들렀다. 자주 들리지 못하는 탓에 5평짜리 땅은 이게 텃밭인지 풀밭인지 구분이 안 될 정도였다. 그래도 우리 밭은 사정이 나은 편이었다. 키우는 작물 사이사이 자란 잡초를 골라 뽑을 정도는 됐으니까. 바로 옆에 붙은 지윤이네 밭은 완전히 갈대숲을 방불케 했다. 진즉 잡초 소굴로 변한 시내네 밭은 또 어떻고. 다른 이웃인 집밥협동조합의 텃밭과 문 여사네 텃밭은 비교 대상에서 제외했다. 고추, 가지, 오이 따위가 제 모양대로 주렁주렁 열려 있는 텃밭이야 그림의 떡과 다를 바 없기 때문이다.

　모양이나 어쨌든 잡초와 작물이 뒤섞인 조그만 텃밭이 우리에게 얼마나 많은 고구마와 감자를 안겨주었는지 그저 신기하고 고마울 따름이다. 들인 품이 적은 만큼 기대도 적었기에 수확의 기쁨은 배로 컸다.

　올해는 작년보다 한 집이 더 늘어 세 집에서 7평짜리 텃밭을 함께 돌본다. 작년 경험을 반면교사 삼아 단단히 계획을 짰다. 제때 모종을 심고, 잡초를 뽑고, 수확하는 일을 세 집에서 돌아가며 하니 일주일에 한 번씩 밭에 나와 일하는 것만으로 충분했다. 일정표대로 주말마다 왕초보라고 써 붙인 낡은 자동차를 몰고 텃밭으로 향했다. 의도치 않게 23년 장롱면허가 빛을 보는 시간이었다.

밭에 물을 주고, 보이는 족족 잡초를 뽑았다. 그러다 시간이 남으면 이웃 텃밭의 채소를 솎아주거나 익은 토마토를 따주기도 하면서 밭일에 부지런을 떨었다. 일주일마다 가서 밭에 물주는 것 이외에는 크게 할 일이 없었으므로 잡초 뽑기에 더 열을 올렸다. 덕분에 밭은 깔끔하고 번듯하게 변해갔지만, 어찌된 일인지 작물들은 잡초가 무성할 때보다 더 비실해 보였다.

처음 모종을 사올 때부터 상태가 안 좋았던 오이는 심자마자 잎이 노랗게 뜨더니 오이가 길쭉하게 열리지 않고 똥짤막하게 자랐다. 남의 밭에선 그렇게 잘 크는 가지도 우리 밭에서는 시들시들했고, 지지대를 세워준 고추도 영 맥아리가 없어 보였다.

"우리 애들은 왜 이리 비실대지? 거름이 모자랐나? 처음 모종을 살 때부터 문제가 있었던 것 같기도 하고. 다른 밭 채소들을 저렇게 쑥쑥 자라는데, 우리 밭은 뭐가 문제지?"

"쉿! 혹여 애들이 들으면 스트레스 받을지도 모르니 조용히 해. 식물도 음악을 틀어주면 더 잘 자란다는데, 자꾸 비교하는 말을 들으면 더 안 클지도 모르잖아."

이미 여러 번 뱉어낸 말들을 주워 담을 수도 없는 노릇이건만, 채소한테 행여 그런 소리 말라는 한 엄마의 말에 웃음이 터졌다.

맞다. 사람도 식물도 똑같다. 생명이 있는 모든 것은 비교하는 말과 행동에 영향을 받는다. 애들을 키울 때 그렇게 다른 아이들과 비교하지 말자 해놓고서, 금세 잊고 만물을 비교하려 든다. 가꾼다는 의미에서 통하는 구석이 있어서일까. 텃밭을 돌보면서 엄마의 마음을 다시 한번 깨닫는다.

어쩌다 '행복한 그림책 읽기' 강사였던 김숙현 선생님을 다시 만날 기회가 생겼다. 운 좋게도 《엄마의 선물》를 쓴 김윤정 작가도 함께 한 자리였다. 지난번 강연 때 시간이 부족한 관계로 많은 이야기를 나눌 수 없었던 아쉬움을 달래기 위해, 서울까지 올라온 작가님을 붙잡고 급하게 자리를 만들었다.

작가님이 직접 《엄마의 선물》을 읽어주었다. "다른 사람에게 손가락질하면, 언젠가는 너에게 돌아온단다."라는 글과 함께 남을 향한 아이의 손가락이 책장을 넘기는 순간, 아이 자신을 향하는 손가락으로 바뀌는 그림이 참 인상 깊었다. 한 권의 그림책 안에는 요즘 엄마들이 아이에게 잘 타이르지 않는 삶의 중요한 가치들이 담겨있었다.

강연 내내 눈물을 글썽이던 영미 씨는 그만 제 맘을 알아주는 작가님의 한마디에 눈물샘이 터지고 말았다. 영미 씨는 다섯 살 난 딸을 키우고 있는, 이제 마흔이 된 엄마다. 임신을 하고부터는 하던 일을 그만두고, 육아에만 집중해왔다. 계속 훌쩍이는 영미 씨를 보고, 옆에 있던 성남 씨가 입을 열었다.

성남 씨는 아이 넷을 키우면서 참교육학부모회지부 회장을 맡고 있고, 학교운영위원에다가 지역의 교육네트워크, 혁

신교육 활동, 학교현장 사안에 대한 항의 방문과 집회 참여 등 여러 중책을 담당하고 있다. 거기다 오지랖도 넓어 동네에서 아는 사람을 만나면 그냥 지나치지 못하고 한 마디라도 이야기를 주고받느라 하루가 너무 짧은 사람이다. 그런 성남 씨가 이렇게 말했다.

"아이 넷을 내 배로 낳았는데, 다 달라요. 공부하라고 잔소리 한 번 한 적 없는데 지가 알아서 하는 아이가 있는가 하면, 공부에는 전혀 관심이 없고 하루 종일 뛰어노느라 바쁜 아이도 있어요. 대신에 둘째는 감수성이 무척 뛰어난 것 같아요. 그림을 어쩜 그리 잘 그리는지⋯. 안달을 낸다고 해서 아이가 내 욕심대로 자라는 건 아니더라고요. 그 사실을 깨닫고, 너무 잘하려는 생각도 내려놓으니 마음이 참 편해졌어요. 그 전엔 밥도 간식도 직접 만들어 먹이지 않으면 내 할 도리를 못한 것 같아 미안한 마음까지 들었거든요. 그런데 그런 생각이 자책감을 들게 하고, 엄마로서 자존감까지 떨어뜨리는 것 같아요. 그냥 내 일을 하면서 하루하루 열심히 사니까 아이들도 아이들대로 잘 크고⋯."

성남 씨의 말에 영미 씨는 울다가 웃다가를 반복했다.

참 이상하게 엄마라는 타이틀이 붙는 순간 반성과 자책이 많아진다. 이 정도면 괜찮은 엄마이지 싶다가도, 내가 요거밖에 안 되는 엄마였나 하는 자괴감이 들어 하루에도 몇 번씩 기분이 널뛴다. 하지만 누가 뭐래도 내 아이에게 가장 좋은 엄마는 나다.

밤잠을 설치며 젖을 먹이고 기저귀를 갈아주면서 아이의 성장을 쭉 지켜온 시간들을 돌이켜보라. 비록 부족한 부분은 있을지언정 나보다 내 아이를 사랑하는 사람이 또 있을까. 다른 집 엄마나 아이들과 비교하며 부족한 걸 채우려들면, 매사가 힘든 게 당연하다.

이미 엄마로서 최선을 다하고 있는 나에게 자책과 과도한 노력은 마이너스만 될 뿐이다. 있는 그대로의 '나'를 인정하고, 보살피는 게 먼저다. 많은 엄마들이 '나'를 돌보고 살피기엔 시간이 없다고들 말한다. 애들 챙기기에도 하루가 모자랄 지경인데 언제 '나'를 돌보냐고.

하지만 '나'는 저리 제쳐두고 온통 아이에게만 신경을 쏟다가 마음에 상처라도 입게 되면, 불안과 우울은 걷잡을 수 없이 크게 몰아친다. 이 불안과 우울은 아이에게 최선을 다하면 다할수록 점점 더 커진다. 아이의 감정에 이입해 아이와 함께 힘들어하며 휘청대기까지 한다.

부족해도 있는 그대로의 내 모습을 인정하고, 엄마인 '나'를 돌보는 데서 한 아이의 엄마로 살아갈 수 있는 단단한 심지가 생긴다.

고작 7평짜리 텃밭을 돌보면서도 비교와 욕심에서 자유로울 수 없음을 깨닫는 요즘, 정성과 욕심의 경계에 대해 생각한다. 다른 집 텃밭에서 튼실하게 자라는 오이, 가지, 고추 따위를 보며 왜 우리 애들은 이 모양일까 고민하다, 결국 '다 주인 잘못 만난 탓이지.'로 결론을 내린 일련의 심정변화가 어쩜 이리 자책 많았던 초보엄마 때와 똑같은지….

비교와 욕심을 삼가고, 내가 들인 정성만큼 '나'에 대해 예의를 차리는 것이 텃밭에 노력과 시간을 들인 나에 대한 예의인 듯이, 엄마도 그렇다. 내가 먼저 엄마인 '나'에게 존중과 예의를 차려야 한다. 그 존중과 예의가 결국 엄마로서 꿋꿋하게 서있게 해주는 뿌리가 되어줄 테니.

2부

가치 있는
같이 돌봄은 어때?

들어는 봤니? 마을 산후조리

"아기가 나올 기미가 좀 보이나? 예정일까지 일주일 남았
는데, 오늘은 좀 어때?"

"새벽에 배가 사르르 아프더니만, 날이 밝으니 언제 그랬
냐는 듯이 아무렇지도 않네요. 애가 작지 않다고 하니 빨리
나왔으면 좋겠는데⋯."

"아니, 첫애를 키워보고도 그런 소릴 하네. 한동안 방콕
해야 하는데, 뭐가 좋아서 빨리 낳고 싶어? 거기다 이젠 껌
딱지처럼 달라붙을 새끼가 둘이 되는 건데."

"이이 말이 맞아. 애 하나랑 둘은 하늘과 땅 차이지."

"자꾸 배가 아파야 애가 나오지. 아무렇지 않다가 어느 날 '아이고 배야!' 하고 낳는 게 아니잖아? 한 번 해봤으면서 그래. 애가 밑으로 많이 내려가 있어야 수월하게 나오지. 더 자주, 더 세게 아파야 해."

요즘 보기 드물게 아이가 넷인 성남 씨를 필두로 선배 엄마들이 저마다의 경험을 들어 한 마디씩 하느라 시끌벅적 하다.

둘째 출산일이 얼마 남지 않은 사랑이네를 조합원들과 함께 방문했다. 수유와 아기목욕, 집안일을 돕고 네 살배기 사랑이도 돌보게 될 정예의 산후조리팀이다. 옆 동네에 있는 민지 씨, 그리고 어제 첫 아기를 낳은 소원 씨를 돌보고 있는 팀이기도 하다.

마을협동조합은 30대에서 60대까지 다양한 연령대의 사람들이 모인 마을공동체다. 동네에서 보내는 시간이 많은 주부들과 장성한 자녀를 둔 중년 여성들이 대다수지만, 남성조합원들도 적지 않다.

남성조합원들은 싱크대가 막혔거나 보일러에 물을 보충

하는 소소한 일부터 전기, 하수도 등 나름 기술이 필요한 일도 뚝딱 해결하니, 동네 맥가이버로 통한다. 예전 같으면 직접 연장을 들고 고쳤을 간단한 하자도 고치지 못하는 경우가 많아 맥가이버들이 출동하는 일이 자주 있다. 동네에 있는 철물점이나 인테리어 가게와도 연계되어 있어서 협업하거나 서로 소개해주는 등 협력관계를 맺고 있다.

수리 쪽이 아니라 산후조리팀에 참여하는 남성조합원도 있다. 산모와 산모 가족을 위한 음식 배달, 어린이집 등하원시키기, 산모를 대신한 관공서 일 처리와 장보기 등 소소한 일들을 도맡는다.

마을협동조합이 처음 설립되었을 때 가장 먼저 운영된 건 수리분과와 돌봄분과였다. 그중에서도 돌봄분과에는 산후조리 전담 특별분과가 있어 필요시 특별팀이 조직되어 가동되었다. 동네 누구네 출산예정일이 잡히면 특공대처럼 움직이는 조직 내 조직인 셈이다.

산후조리 특별분과는 출산, 수유, 육아 경험이 있고, 자녀들이 이미 장성하여 다른 이를 돌볼 여유가 있는 중년 이상의 여성 7명으로 구성되었다. 경험만 따지면 이미 전문가 못지않지만, 더 체계적이고 다양한 도움을 주기 위해 관련 교육도 이수했다.

지역 내 돌봄사업을 하는 조직체나 육아 커뮤니티, 학부모 커뮤니티와 연계하는 것은 물론이고, 몇몇 산부인과와 소아과를 협력병원으로 두어 안심장치까지 마련했다.

집에서 산후조리를 하길 원하는 지역 내 산모들이 주 이용자가 되는데, 조합이 연계하고 있는 기관이나 단체뿐 아니라 다양한 관계망을 통해 연결된다. 이용자들도 협동조합의 조합원이 될 수 있는데, 그 때문인지 임신부 조합원이 점점 늘어나고 있다. 산후도우미 서비스를 신청한 임신부 조합원은 출산 전부터 순산과 태교를 위한 다양한 혜택을 제공받는다. 이 모든 것이 지역 내 수많은 인적·물적 자원이 연결되어 이루어진다.

오늘 찾아간 사랑이네와 튼튼이네, 민지 씨는 일찍부터 조합원이 되어 임신 때부터 필요한 도움을 받고, 다양한 마을활동에 참여해왔다. 세 사람은 걸어서 10분 정도인 고만고

만한 거리에 떨어져 살고 있고, 조합에서 만나 왕래하는 이
웃이 되었다.

　첫아이를 낳게 될 민지 씨는 출산 후에 남들처럼 산후조
리원에 들어가려고 했다가 우연히 길거리에서 만난 부동산
아주머니에게서 마을협동조합을 알게 되었다고 했다.

　"새댁 배가 꽤 불렀네! 사는 집은 불편한 데 없고? 참, 내
가 아는 분이 이 동네서 마을협동조합인가 뭐 그런 거 하
는데, 거기서 새댁처럼 임신한 사람들 교육도 시키고, 산후
조리도 도와준다고 하더라고. 산후조리원에서 하는 거랑은
완전 다르대. 내가 우리 며느리한테도 소개해줬는데, 그렇게
좋다는 거야. 새댁도 알려줄 테니, 한번 가봐."

　그렇지 않아도 민지 씨는 아기가 적응하며 살 곳인 집을
놔두고 비좁은 산후조리원에 있어야 하는 것도, 남편과 떨
어져 있어야 하는 것도 마음에 걸렸던 참이었다. 더구나 민
지 씨는 출산 후부터 아기를 부부가 함께 돌봐야 한다는
생각을 가지고 있었기 때문에 산후조리원을 포함해 여러 방
법을 알아보던 중이었다.

출산을 경험한 친구들의 조언에 따르면 산후조리원은 아무래도 엄마의 휴식과 만족을 우선으로 하기 때문에 모유수유와 함께 분유를 먹이기 쉽다고 했다. 그래서 편했다고 했던 친구도 있었지만, 모유를 열심히 먹였던 한 친구는 수시로 일어나서 수유를 하다 보니 어차피 편안하게 쉬기도 어렵고, 답답한 조리원에서 비싼 비용을 주고 있을 필요가 없겠다 싶어서 일주일 만에 나왔다고 했다. 둘째 때는 집에서 할 예정이라고.

산후도우미를 부를까도 싶었지만, 어떤 사람인지도 잘 모르고 나랑 잘 맞는 사람이 온다는 보장도 없고 해서 이런저런 고민만 쌓이던 차에 마을협동조합을 알게 되었다고 했다.

민지 씨는 조합활동을 하면서 자신과 아기를 돌봐줄 이웃들을 만날 수 있었다. 마을사랑방에서 요가를 하고, 임신과 출산에 관련한 교육이나 선배엄마들의 생생한 경험담을 들으며 배우는 것도 많았다. 친구들이 주로 병원이나 육아 카페에서 정보를 얻을 때 민지 씨는 동네에서 다른 임산부

나 다양한 연령층의 사람들과 사귀면서 정보를 얻었다.

막 배밀이하며 기어 다니는 6개월 된 아기 엄마를 사귀면서 모유수유를 어떻게 하는지도 직접 보았고, 출산한 지 얼마 되지 않은 초보엄마의 생생한 경험과 꿀팁도 챙겼다. 거의 새 옷 같은 임부복과 신생아용품도 물려받았고, 잠시 쓰면 곧 못 쓰기 때문에 사기 망설였던 여러 가지 육아용품도 이미 예약된 상태다.

동네에서 두세 살 아이를 둔 엄마들과 교류하면서 육아비용이 엄청 절약될 것으로 기대하고 있다.

2년 정도 육아에 전념한 다음, 다시 직장에 다닐 계획을 갖고 있는 민지 씨에게 무엇보다 반가운 것은 부모협동조합이 운영하는 어린이집을 알게 된 것이다. 그곳을 통해 민지 씨는 부모들의 철학과 참여로 아이를 함께 키울 수 있다는 걸 알게 되었다. 그전에는 임신하자마자 대기 신청을 해도 될까 말까라는 구립 어린이집에 아이를 보낼 수만 있으면 참 좋겠다고 생각하는 정도였다.

민지 씨에게 일어난 이 모든 변화는 부동산 아주머니의

한 마디에서 시작된 것. 마당발인 아주머니는 민지 씨에게 그동안 듣도 보도 못했던 마을협동조합을 소개해주었고, 그 덕분에 이사를 와서 6개월 동안 이웃 하나 사귀지 못한 민지 씨에게 엄청난 숫자의 이웃사촌이 생겨났다. 요가를 배우러 갔던 마을사랑방에서도 또 다른 관계들이 그물처럼 엮여 점점 관계가 확장되어 갔다.

면생리대도 함께 만들고, 가끔씩 삼삼오오 모여 영화도 보고, 어느 땐 생일파티에도 초대되어 맛있는 점심을 대접받기도 하는 등 하루가 바쁘게 지나갔다. 임신하면 감정의 기복이 심해 우울하기 쉽다던데 그럴 틈이 없었다. 지방에 계신 친정엄마도 딸이 사는 얘길 들으시더니 너무 좋아하셨다고.

"내가 자주 가볼 수도 없고, 그렇다고 남서방 혼자 두고 너보고 내려오라고 할 수도 없어서 마음이 안 좋았는데 정말 잘 됐다. 네가 복이 많은가 보다. 어떻게 그런 사람들을 만났을꼬. 안 그래도 니 아부지 한 달 동안 혼자 두고라도 산후조리는 올라가서 해줘야 않나 싶어 혼자 이 궁리 저 궁리 하고 있었고만. 엄마가 한결 맘이 놓인다."

민지 씨는 한시름 놓았다는 엄마의 얘길 전해주며 자신이나 남편도 마을협동조합이 너무 고맙다고, 친구들도 이런 동네에 사는 자신을 엄청 부러워한다며 미소 지었다.

아마도 민지 씨는 첫아이를 낳기 전부터 맺어진 관계와 많은 이웃들을 놔두고 다른 곳으로 이사 가기가 쉽지 않을 것 같다. 돈이 오가는 관계는 아니지만 많은 이익이 생겨났고, 아이가 커가면서 많은 사람들과 연결될수록 그 이익은 더 늘어날 것이기 때문이다.

이미 민지 씨는 마을협동조합 조합원이자 부모협동조합 예비조합원이고, 모바일 통신서비스와 관련한 소비자의 이익과 지역상권의 상생을 지향하는 통소비자협동조합의 조합원이기도 하다. 컨설팅 한 번으로 본인에게 맞는 요금제로 변경하여 매달 통신비를 1만 원이나 줄였고, 얼마 전 중고폰을 구매할 때도 많은 도움을 받았다.

산후조리, 육아, 통신비 이외에도 실제 관계의 힘이 발휘되고, 경쟁보다 상생의 구조를 필요로 하는 것들이 우리 주변에는 아직 수두룩하다. 한 번에 많은 것을 바꿀 순 없겠지만, 이렇게 작은 변화들이 하나둘 늘어갈수록, 민지 씨 같은 사람이 하나둘 연결될수록 그 힘이 미치는 파장은 매우 클 것이라 확신한다.

아기를 낳기 전부터 이미 알고 있는 사람, 같은 지역에 살고 있어 산후조리가 끝난 후에도 언제든지 다시 만날 수 있는 관계가 담보된 사람의 돌봄을 받는다면 얼마나 마음이 든든할까.

아는 사람이 아기와 산모를 돌봐주는 마을산후조리원을 상상해보았다. 이런 상상은 사회적 경제나 협동경제, 공동체경제 안에서 영 불가능한 것은 아닐 것이다. 내가 살고 있는 지역만 해도 부모협동조합 어린이집, 통소비자협동조합이 있고, 이웃 동네에는 맥가이버 같은 사업이 이루어지고 있다.

이런 방식으로 사람의 관계에서 늘어나는 이익은 사람들을 만나는 즐거움으로 이어진다. 또 필요한 것과 잘할 수 있는 무언가를 합심하여 만들어내니 이익과 즐거움은 계속해서 커진다. 돈을 지불해야 하는 것을 관계의 힘을 빌려 해결하거나 사더라도 일부 비용만 내면 되니까 벌이가 적어도 살림이 가능하다. 거기다 사람 사는 재미는 보너스.

치열한 경쟁을 뚫고 고액의 연봉을 받는, 소위 정말 잘나가는 사람이 제 능력으로는 할 수 없는 일도 관계를 통하면 쉽게 풀릴 수 있다. 이렇게 관계가 기반이 되어 필요한 것을 주고받으며 상생하는 삶은 거대한 자본이나 화려한 스펙, 권력 같은 것과는 거리가 멀다.

아이들은 이런 생활 속에서 경쟁보다 협동을 배우며 자라고, 사람들과 두루두루 어울리며 돈보다 사람이 귀함을 자연스럽게 깨닫는다.

내가 정성을 다해 돌본 이웃집 아이가 학교에 가고, 점점 어른으로 성장하는 모습을 지켜본다면 어떨까? 옆 동네 산모를 돌보면서 아기 키우는 법을 알려주고, 엄마로 사는 게 지치고 힘들 때마다 따뜻한 격려와 위로를 주고받는 관계가 이어진다면 어떨까?

"지금 파견된 산후도우미는 음식이 별로네요. 다른 분으로 바꿔주세요."

"마사지를 받았는데도 젖몸살이 심해져 고생했어요. 제대로 한 거 맞아요?"

"비싼 돈 주고 푹 쉬려고 산후조리원에 들어왔는데, 모유수유를 하느라 쉴 수가 없어요. 서비스가 이게 뭐예요!"

이런 말이 나오는 관계는 돈을 내고, 요구한 서비스를 받는 관계 그 이상도 그 이하도 아니다. 사람은 사라지고, 돈과 상품의 교환만이 남는다. 돈보다 사람이 귀하다면 내 몸과 아이를 돌봐준 분께 고마움이 있어야 한다. 젖몸살을 풀려고 애써준 분, 초보엄마의 모유수유를 도우려 아기가 원할 때마다 젖 먹이는 것을 권장한 분께 불만 이전에 예의와 존중이 있어야 한다.

자연출산도 모유수유도 상품이 되는 오늘날, 육아는 물론이고 부모로서 첫발을 떼는 태교와 출산마저 이미 심각한 경쟁과 소비심리가 작동하고 있다.

사실 아이를 키우면서 생기는 웬만한 궁금증은 동네 엄마들에게 물으면 거의 해결되지만, 우린 더 이상 이웃에게 내 손을 빌려주지도 다른 이의 손을 빌리지도 않는다. 이웃과 공동체의 도움으로 해결했던 많은 것들을 비용을 지불하고, 전문가의 서비스를 받는 것으로 해결하고 있다. 과연 이런 방법이 더 믿을 만하고, 우리에게 맞는 방법일까?

모유수유에 문제가 생겨 전문가를 집으로 부르면 10만 원. 그 순간은 해결되지만, 얼마 지나지 않아 다시 문제가 생긴다. 젖 먹이기는 아기와 엄마의 부단한 상호작용을 통해 자연스럽게 익히는 것이기에 이는 당연한 결과라 할 수 있다. 수유 전문가가 따로 있는 것이 아니라 젖을 빠는 아기와 산모, 그 둘이 전문가인 것이다.

그런데도 우리는 모유수유를 위해 적지 않은 비용을 지불하는 것을 이상하게 생각하지 않는다. 당장 아프고 힘들어 죽겠는데 공적 지원 시스템은 없고, 결국 내 돈을 들여서라도 빨리 해결하고 싶은 게 당연하다.

심지어 출산 전부터 모유를 더 잘 나오게 만들어준다는 가슴마사지 패키지 상품까지 있다니, 젊은 엄마들의 마음을 비집고 들어오는 상술에 기가 막힐 따름이다.

왜 산후조리원이 다양한 산후조리 방식 가운데 하나가 아니라 대세가 되었을까? 출산 비용은 점점 높아만 가는데, 정작 모유수유나 아기를 돌보는 일을 어려워하는 엄마들은 왜 늘어만 갈까? 동네에 베테랑 엄마들이 이렇게나 많은데, 굳이 비싼 돈을 들여서 전문가의 도움을 꼭 받아야 할까?

출산 전부터 아기에게 쏟은 투자는 자연스럽게 사교육으로 이어져 줏대 있는 엄마로 살아가기 어렵게 만든다. 탁 틴맘 활동 당시에도 출산회원들과 대안적 돌봄을 고민하며 육아 커뮤니티를 만들어 이런 고민들을 함께 나누었더랬다. 그때는 대안적 돌봄 방식을 확실히 제시하기 어려워 고민으로 남겨둘 수밖에 없었지만, 시간이 지나 마을협동조합이 그 대안이 될 수 있음을 깨달았다.

해결의 열쇠는 바로 지역사회 관계망을 기반으로 한 마을공동체에 있었다.

자본에 휘둘리는 것이 아니라 사람이 만들고 관계가 남는 출산·산후·육아 문화를, 사람과 관계가 사라지지 않는 생산적인 소비를 꿈꾼다.

필요한 것을 사람과 관계의 힘으로 해결하자고 생각하는 이웃들이 하나둘 늘어나고 있는 지금, 그 꿈이 그저 꿈으로 끝나지 않고, 우리의 일상으로 자리매김하길 기대한다.

엄마에겐 다른 엄마가 필요해

> 한 엄마가 엄마로 살려면
> 온 마을이 필요합니다

"경모야, 빨리 나와!"

이른 아침부터 언덕을 오르는 아이들의 목소리가 들린다. 함께 학교에 가려고 친구를 부르던 아이들은,

"또또! 밥 먹었니?"

남의 집 진돗개까지 챙긴다.

학교에 가려면 언덕 끝에 있는 우리 집 모퉁이를 돌아야 하기 때문에, 등하교 시간에는 아이들의 목소리가 집 안에 울려 퍼진다.

몇 해 전에 시댁이 있던 동네를 떠나 매일 출퇴근하던

곳이자 지인들이 모여 사는 서대문의 한 동네로 이사를 왔다. 백련산이 엎어지면 코 닿을 데 있어 공기가 맑고, 유치원부터 대학교까지 있어 학생이 많은 젊은 동네다. 왁자지껄한 등하교 길만 빼면 풍경화에 나올 법한 고즈넉한 산자락 동네이기도 하다.

"지하철 타려면 버스 타고 나가야지. 여름이면 땀을 뻘뻘 흘리며 올라가야 하는 꼭대기 집에 주변에 극장이랑 마트도 없고, 도로는 좁고…. 서울이 아니라 지방 도시 같아!"

이사를 하고 나서 얼마 동안은 세 딸들의 투덜거림을 수시로 들어야 했다. 그러나 이런 불편함과 도시답지 않은 촌스러움이 오히려 사람들과 더 많은 접촉을 늘리고 동네에 머무는 시간을 늘렸으며, 그 덕분에 돈과 시간을 훨씬 덜 쓰며 사는 생활패턴을 만들어주었다.

동네에 정을 붙이고 나서는 오히려 진짜 동네 같은 느낌이 나서 더 좋다고 말하는 아이들. 중학생인 막내가 가장 큰 수혜자라며 콕 짚고 넘어가는 둘째는 동네 가게에서 아

르바이트를 하고, 동네일에 투표권도 행사하는 어엿한 주민
이 되었다.

　수업의 시작과 끝을 알리는 종소리가 크게 들리는 조용
한 동네에서 사람들로 늘 북적이고 시끌벅적한 집이 하나
있으니, 바로 '거북골마을사랑방'이다. 우리 집 앞 큰길 건너
에 위치해 있어서 몇 걸음만 걸으면 금방이다.

　사랑방은 내게 동네 수다방이자 집에 가봐야 별다른 반
찬이 없고 만들기도 귀찮을 때 막내 경모를 불러 끼니를 때
우는 식당이다. 또한 별의별 걸 배울 수 있는 공간이자 애용
하는 회의장소이며, 틈나는 대로 심신을 단련하는 요가수련
장이기도 하다. 나뿐만 아니라 이 공간을 드나드는 사람들
모두가 마찬가지다.

　사랑방에서 생일파티며, 각종 회의와 뒤풀이, 영화 감상
등 다양한 목적으로 만나서 먹고 떠들면서 우리가 아낀 돈
이 얼마인가. 비용도 비용이지만, 그보다 새로운 사람과 만
들어낸 관계에서 발생한 이익은 헤아리기 어려울 정도다.

　사랑방에는 낮이든 밤이든 엄마들이 가장 많이 드나든

다. 그다음으로 아이들과 아빠들이 많고, 드물지만 청년들도 있다. 갓난아이부터 나이를 가늠하기 어려운 어르신까지 다양한 연령층의 사람들이 사랑방을 오간다.

그곳에서 동네 사람들끼리 모여 수다를 떨고, 협동과 공동체가 뭔지도 배운다.

사랑방 냉장고에는 종이가 붙어있다. 냉장실과 냉동실 문에 따로 붙어있는 A4 종이에는 '7/10 묵은지-영지네, 7/15 텃밭 야채, 7/20 옥수수-경숙쌤' 따위가 여러 명의 글씨체로 써 있다. 냉장고 안에 있는 음식을 잊지 않고 꺼내 먹기 위한 조치이기도 하지만, 누가 가져다 놓았는지 알리기 위해 날짜와 내용물 외에 사람 이름까지 적어 놓는다.

그리고 세상사가 다 그렇듯이, 유달리 종이에 자주 등장하는 이름이 있다.

자기 집 냉동실에 두고 먹어도 될 것을 사랑방까지 들고 오는 수고로움을 마다 않는 사람들. 그들은 제때 먹지 못하고 음식을 묵히면, 결국 맛있게 먹지 못한다는 사실을 여러 번 체험한 엄마들이다. 또 집에서는 인기가 없어 잘 안 팔리는 음식도 여럿이 모인 사랑방에선 맛나게 먹은 신기한 경험을 한 엄마들이기도 하다. 무엇보다 그들에겐 여럿이서 음식을 나누어 먹을 때, 그 음식이 제 값어치 이상을 한다는 사실을 품을 줄 아는 넉넉한 마음이 있다.

냉장고 마법의 시작은 2013년 초 겨울로 거슬러 올라간다. 서대문여성인력개발센터 관장인 박정숙쌤이 북가좌동으로 이사 오면서 이전까지 쓰던 냉장고를 사랑방에 기증하면서부터였다. 양문형 냉장고가 생긴 그날부터 사랑방 부엌은 맛있는 냄새를 솔솔 풍기는 곳이 되었다.

단지 냉장고 한 대가 생겼을 뿐인데, 사랑방은 사람들의 수다와 재미로 들끓었다. '먹는 데서 인심 난다'는 말처럼 맛있게 한두 끼를 먹은 누군가가 친정집 묵은지를 가져오고, 다른 사람은 시댁에서 보내온 장아찌를 들고 오는 식이었다. 그렇게 쌀, 잡곡부터 갖가지 음식들이 사랑방 냉장고를 채우기 시작했다.

한번은 사랑방에서 끓인 미역국 사진을 단톡방에 올린 적인 있는데, 며칠 지나지 않아 몇 명의 산모가 먹고 남을 만큼의 미역이 사랑방에 쌓여 두 해 꼬박 그 미역을 먹었더랬다. 또 언젠가 감자탕을 해먹으려는데 시래기가 없다 하니, 장흥서 올라온 시래기가 많다며 큰 봉지 가득 말린 시래기를 사랑방에 놓고 간 손 큰 성남쌤 덕분에 그해 한 해는 시래기 걱정 없이 감자탕을 해먹었다.

수박, 참외 같은 과일부터 여러 가지 반찬과 식재료로 사랑방 냉장고는 비는 날이 없었다. 냉장고가 아무리 그득그득 차도, 그 음식을 맛있게 먹을 사람 역시 많다는 걸 알기에 애초부터 넉넉히 싸오는 사람이 많아졌기 때문이다. 그렇게 사랑방 냉장고에는 먹어도 먹어도 비워지지 않는 '정(情)'이 이 칸 저 칸에 쌓여갔다.

사랑방에 모인 사람들이 만들어낸 밥상은 늘 잔칫상을 방불케 했고, 그 밥상 사진은 메신저로 공유되어 바로 소문이 났다. 부럽다는 반응과 그 자리에 함께 하지 못한 아쉬움에 질투의 댓글이 쭉쭉 달리는 건 당연지사였다.

"나는 반댈세! 그 밥상!" "나 없을 때만 꼭 맛있는 걸 먹는다니까." "일하다 분식집에 들어와서 한 끼 때우고 있는

데, 지금 염장 지르는 거 맞지?" "담에 또 만들어줄 거라 기대하겠다."

그래서 요즘은 그때그때 챙겨먹는 밥상은 어쩔 수 없지만, 특식은 따로 날짜를 잡는다. 통영 본가에서 싱싱한 굴이 올라오는 날을 미리 알려주거나 복날 즈음 더위나기 백숙파티를 열거나 하는 식이다. 이런 이벤트는 내 형편으로 사 먹기 부담스러운 음식들도 맛볼 수 있다는 장점이 있다. 또 먹는 낙도 낙이지만, 동네 사람들끼리 뒤섞여 한바탕 왁자지껄 떠들며 함께 음식을 만들어 먹고 치우는 과정에서 사는 맛이 난다며 다들 좋아한다.

그렇게 음식을 해먹고 수다도 떨면서 자연스럽게 동네에는 미옥쌤의 된장찌개, 복쌤의 감자탕, 경숙쌤의 무말랭이무침, 현숙쌤 천정엄마네 장아찌, 미실의 새우조림 같은 특별 메뉴가 생겼다.

살인적인 무더위로 입맛이 없을 때도 미옥쌤의 된장찌개 하나면 밥 한 공기를 뚝딱 해치운다. 집밥협동조합이 주관해서 함께 담근 된장으로 끓인 미옥쌤표 된장찌개는 시어머님이 끓인 된장찌개와 견줄 만큼 정말 맛있다. 미옥쌤의 된장찌개에 반한 이후 우리 집 밥상에도 된장찌개가 자주 올라간다. "오늘도 된장찌개야?" 하는 아이들의 푸념은 한 귀로 흘린다.

"쌤~ 어제 만둣국 어떻게 끓이는 건가요?"

"그냥 멸치국물 내서 끓이면 돼요. 식성에 따라 파, 계란을 풀어 넣어도 좋고."

"만두가 다 익은 건 어떻게 알아요?"

"국물이 끓을 때 만두가 붕 뜨면 익었다 보면 돼요. 그런데 큰 것은 한참 끓여야 해요. 고기가 익어야 해서."

사랑방에서 밥을 먹고 간 젊은 엄마가 단톡방에 요리법을 묻는 경우가 종종 있다. 그런데 단톡방 대화를 보면 어디서 많이 들었다 싶은 대화다. '엄마, 그거 어떻게 만드는 거야?'에서 '엄마'가 '쌤'으로 바꿨을 뿐.

주부 단수가 낮을수록 친정엄마나 시어머니가 해주신 음식을 맛보며 요리법을 물어보고 따라 배운다. 그리고 우리 동네에선 이런저런 모임과 활동에 참여하며 얼굴 마주하는 선배엄마들이 그 자리를 대신한다.

물론 요즘 세상에야 돈만 내면 한상 차림이 제대로 나오는 한정식집도 많고, 평소 해먹기 힘든 음식도 돈만 내면 먹을 수 있다. 그러나 정성이 가득 담긴 엄마표 된장찌개는 식당에서 맛볼 수 없다. 엄마표 된장찌개가 더 맛있고, 특별한 건 엄마와 '나' 사이에 쌓인 시간이 있기 때문이다. 또 사 먹는 집에서는 "이건 어떻게 끓인 거예요?" "뭐뭐 들어가요?" 같이 요리법을 꼬치꼬치 물을 수 없지만, 엄마표 된장찌개 비법은 공짜로 배울 수 있다.

지금 우리에겐 일상 속 점심이나 저녁밥상에서 맛있는 된장찌개를, 감자탕을, 무말랭이무침을 맛보게 해줄 '다른 엄마'들이 필요하다. 한 끼 밥상으로 배를 채우는 게 다가 아니라 편안한 엄마의 밥상처럼 부담 없이 얻어먹을 수 있는 그런 사람, 그런 관계가 필요하다.

삼시 세끼를 챙겨 먹고, '식사는 하셨어요?'가 인사일 만큼 우리 삶에서 먹는 게 중요한 부분이다 보니, 음식 얘기에서 '다른 엄마'의 힘이 거론될 것일 뿐. 다른 엄마의 힘이 필요한 곳이 어디 먹는 것뿐일까?

한 끼 밥상으로 배를 채우는 게 다가 아니라 편안한
엄마의 밥상처럼 부담 없이 얻어먹을 수 있는 그런 사람,
그런 관계가 필요하다.

남편과 시댁식구에 대한 푸념과 아이 키우는 이야기로 수다를 떨고, 영화나 이웃동네 엄마들의 커뮤니티 활동에 드러난 같은 여성의 삶에 대해 이야기를 나누는 관계. 아이들의 안전을 위협하는 폭력과 유해환경 등 개선해나가야 하는 사회문제에 대해 서로의 생각을 나눌 수 있는 다른 엄마들과의 관계가 필요하다.

이렇게 일상에서 서로 돕고, 지지하고, 배우고 놀며 관계를 맺는 엄마들이 많아져야 한다.

한 아이를 키우려면 온 마을이 필요하다고 했던가.

그러나 이 말에 앞서 외쳐야 할 말이 있다.

'한 엄마가 엄마로 살아가려면 온 마을이 필요하다.'

이 말만큼 우리의 일상을 잇는 마을공동체와 협동이 필요한 이유를 설명할 말이 또 있을까?

아이돌봄과 노키즈존

○○엄마.

큰 글씨로 아기 이름이 적힌 종이를 들고 강의실 입구 앞에 누군가가 나타나는 순간, 집중해서 강의를 듣던 엄마들의 얼굴이 일제히 돌아간다. 모두의 얼굴엔 불안한 기색이 역력하다.

탁틴맘 시절 엄마를 위한 인문학 강좌를 처음 열었을 때 벌어졌던 강의실 풍경이다. 참여자 중엔 임신부도 있었지만 젖먹이 아기 엄마들이 대다수를 차지했기에 여느 강의실과는 사뭇 다른 장면이 연출되었다.

강의 초반 아기가 자연스럽게 떨어질 때까지 기다리느라 군데군데 좌석이 비어있는 건 물론이고, 아기가 신경 쓰여 강의 중간에 일어나는 엄마들도 많다. 간혹 포대기에 아기를 업은 돌보미 선생님이 강의실로 직접 찾아오는 경우도 있다. 이마에 땀방울이 송송 맺혀 있고, 붉게 상기된 얼굴을 보아 아기를 달래다 달래다 안 되겠다 싶어 내려온 티가 역력하다.

아기는 엄마를 보자마자 더 목청껏 운다. 엄마 품에 안긴 안도감과 왜 지금 나타났냐는 약간의 원망과 투정 섞인 울음소리는 엄마를 만난 반가움의 표시다. 아기가 내는 소리가 강의에 방해될까봐 자리에 앉지도 못하고, 강의 내내 진땀을 흘리며 입구 쪽에 서성이는 엄마의 모습을 보면 마음이 짠하다.

줏대 있는 엄마로 살기 쉽지 않은 사회에서 자책하지 않고 자존감 높은 엄마로 서기 위한 부모교육 가운데 하나로 우리가 살고 있는 사회를 이해하는 힘을 길러주는 인문학 강좌를 열었다.

강좌를 기획하고 진행하면서 주변 엄마들에게 강의를 들어보라고 부추겼다. 특히 육아와 가사에 지쳐 자신을 돌볼 여력이 없어 우울해진 엄마들, 엄마역할과 여성으로서의 정체성 사이에서 혼란을 느끼는 엄마들에게 더 적극적으로 권했다.

강의를 통해 아이를 키우면서 겪는 힘겨움과 혼란, 우울감이 혼자만의 것이 아니라는 사실을 알게 해주고 싶었다. 또 아이를 돌보는 것도 중요하지만 자기 자신을 돌보는 것도 그만큼 중요하다는 걸 깨닫게 해주고 싶었다. 조금만 마음을 달리 먹고 몸을 움직이면 자기돌봄이 가능하다는 것을 직접 경험해보길 바랐다.

아이를 돌보며 가사에 집중하느라 책 읽을 여유조차 사치였던 엄마들에게 인문학 강좌는 그동안 잊고 있었던 것을 되살려주는 단비 같은 기회였나 보다. 아이돌봄이 가능하다는 소식에 아기가 잘 떨어져 있을까 내심 걱정하면서도 강의를 들으려 너나없이 몰려들었으니 말이다. 실제 만족도 조사에서 나타난 후한 점수와 후기를 통해 강좌에 대한 엄마들의 뜨거운 관심과 만족감을 확인할 수 있었다.

아이가 있는 엄마들은 뭐라도 배울라 치면, 아이를 돌봐 줄 누군가가 절실히 필요하다. 임부 때는 몸이 무거워도 어디 가는데 별로 제약이 없다. 그러나 출산 후엔 그야말로 옴짝달싹도 못하는 육아밀착 시기에 들어서게 된다. 이는 모유수유 시기와도 일치해서 아기를 떼어 놓고 뭔가를 한다는 건 상상하기조차 어렵다.

젖먹이 아이를 둔 엄마들을 위해 산후체조, 아기 먹거리 만들기, 베이비 마사지, 그림책 읽어주기, 육아 수다모임 등 아이와 함께 할 수 있는 프로그램들을 기획했다. 아이가 걸어 다니거나 수유를 자주 하지 않아도 되는 연령대의 아이들 둔 엄마들을 위해서는 아이돌봄을 병행한 자기돌봄 프로그램을 만들었는데, 그중 하나가 바로 엄마를 위한 인문학 강좌였다.

인문학 강좌를 진행하면서 아이돌봄이 여성에게 중요한 문제이며, 여전히 여성이 도맡아 해야 하는 영역임을 다시 한번 확인할 수 있었다. 또 필요할 때 동네에 편리하고 안전하게 아이를 맡길 곳이 부족하다는 사실을 입증하는 시간이기도 했다.

단체를 벗어나 마을로 나오니, 일상과 맞닿아 있는 환경인만큼 아이돌봄은 더더욱 떼려야 뗄 수 없는 영역이었다. 유아부터 초등까지 아직 부모의 손이 필요한 아이들을 위한 돌봄 프로그램이 필요했다. 어른들이 회의나 행사를 하는 동안 아이들이 안전한 돌봄을 받을 수 있는 환경의 필요성을 더 절실하게 느꼈다.

몇 년 사이 '노키즈존'이 늘어나면서 이와 관련한 논란이 끊이지 않고 있다. 어린아이가 소란을 피우고, 이를 방치하는 무개념 부모 때문에 다른 손님이 피해를 입으니, 아예 출입을 제한해야 한다는 입장과 출입 자체를 제한하는 것은 명백한 차별이라는 입장이 팽팽히 맞서고 있는 것이다.

노키즈존을 찬성하는 사람들의 입장도 어느 정도 이해는 간다. 일부 몰지각한 부모 때문에 손님과 업주가 피해를 입은 사례가 뉴스라도 타면 더 그렇다. 그러나 매일 아이와 어른이 뒤엉켜 살아가는 마을로 들어오면, 노키즈존은 간단한 문제가 아니라는 것을 체감하게 된다.

마을에 공동 공간이 생기기 전까지 각종 모임이나 뒤풀

이 장소로 카페나 음식점을 이용했다. 그때마다 아이들과 함께 방문하는 경우가 흔했다. 그러면 안 되지만 급히 만나야 했던 어느 날 밤에 아이를 데리고 단골 맥줏집에 간 적도 있었다. 밥집이든 카페든 아이를 데리고 다니는 일은 지금도 마을에선 종종 있는 일이다. 현실이 이럴진대 노키즈존이 늘어나면 부모들은 아이와 함께 갈 수 있는 곳을 찾아 더 많은 발품을 팔 수밖에 없다.

2012년부터 서울시는 마을공동체 사업을 추진해왔다. 이 정책의 일환으로 다양한 분야에서 지역 커뮤니티와 주민들의 참여가 이루어졌다. 그 덕분에 어른들이 모일 기회가 많아졌고, 자연스럽게 아이들을 돌보는 여성들의 참여도 늘어났다.

온라인으로 공유되었던 초창기 모임 사진을 보면 어른들과 아이들이 함께 찍힌 게 대부분이다. 강의에 집중하고 있는 어른들 뒤로 매트가 깔려 있고, 그 위에서 아이들이 놀고 있는 사진들. 별도 장소를 돌봄 공간으로 확보하는 것도 돌봄 인력을 구하기도 어려웠던 탓에 어른과 아이가 뒤섞여 있는 모습이 흔했던 것이다.

마을공동체 사업이 어느 정도 궤도에 오른 후에는 마을 카페든 공공장소든 마을사랑방이든 여러 형태의 공간을 돌봄 공간으로 이용하고 있다. 아이들이 익숙한 공간에서 놀고, 돌봄을 받게 된 것은 참 다행스러운 변화이긴 하나, 여전히 어른과 아이들 모두에게 편안하고 안전한 공간이 많이 부족한 게 사실이다. 거기다 맞벌이 부부를 배려해 저녁 시간대 모임을 자주 갖다 보니, 그 시간대 아이돌봄의 필요성 또한 계속 늘어나고 있다.

마을공동체 일로 알게 된 지인들 중에 독일에서 오랫동안 살다 오신 분이 있다. 그분 말씀에 따르면 독일은 식당에 나이 제한이 있는데, 한국은 어린아이를 데리고 오는 것이 허용되고, 또 아이들이 시끄럽게 굴어도 부모들이 이를 방치하는 것이 이해가 되지 않는다고 했다. 그 말이 영 이해가 가지 않는 건 아니었으나, 독일처럼 하는 건 아이를 중심으로 한 가족이 주요 소비층인 우리의 외식문화와는 맞지 않다는 생각이 들었다.

한편 다른 지인은 아기를 데리고 카페에 갔다가 옆 테이블 손님들이 자꾸 못마땅하게 쳐다봐서 무안했다는 얘길 들려준 적이 있다. 그 말을 듣고, 다른 사람에게 불편을 주지 않는 것이 상식이긴 하나 자신의 불쾌함을 조금도 참지 않는 것이 일반적인 반응인가 싶었다. 옆집에 누가 이사 와도 관심 없고, 사람들과 마주치지 않는 구조의 원룸이 인기라는 현실이 이렇게도 드러나는구나 싶어 기분이 씁쓸했다.

나 역시 사람들이 많이 이용하는 공간에서 남에게 피해 주는 행동을 하는 아이와 이를 제지하지 않는 부모를 보고 눈살을 찌푸린 적이 있다. 그러나 이런 상황에 대처하기 위해 어린아이의 출입을 아예 금지하는 것이 좋은 해결책일지는 생각해볼 문제다. 노키즈존이 늘어나면 다중이용시설에서 아이들이 어떻게 행동해야 하는지 무슨 수로 배운단 말인가?

업주의 입장에서는 사건이 터지고 난 뒤 손님한테 가게에서 나가라고 하면 소란만 커지니 애초에 문젯거리를 만들지 않는 것이 최선이라 생각할 수 있다. 그러나 노키즈존이라는 구획을 정하고 출입을 막기 전에 아이를 동반한 손님에게 주의를 주는 노력이 선행되어야 하지 않을까?

무작정 출입을 제한하기보다 장소를 이용하는 규칙을 알리고, 관리자나 운영주체 외에 이용하는 손님들에게도 규칙을 지켜줄 것을 부탁하는 것이 좀 더 지혜로운 해결 방법이 아닐까 싶다.

가게에 아이를 동반하는 어른들 역시 마찬가지다. 자식과 관련된 일은 누구나 예민할 수밖에 없는 문제지만, 그럴수록 한 발짝 떨어져서 아이와 자신의 태도로 되짚어볼 필요가 있다. 제때 필요한 잔소리를 사심 없이 해줄 동네 어른들이 없는 요즘 같은 때는 더더욱 그렇다.

아이는 부모의 뒷모습을 보고 자란다. 부모로서 내 아이를 다른 사람과 어울려 살아가는 시민으로 성장시키기 위해서라도 일상에서의 나의 모습을 점검할 필요가 있다.

문제 상황에서 서로 조금씩 양보하고 협의하는 과정이야말로 어른도 아이도 민주시민으로 성장해나가는 길이리라.

따로 또 같이

원하는 만큼 독립하고
필요한 만큼 연대하기

2월 중순. 입춘을 넘어 얼었던 강물이 풀리는 시기라서 그런지 날씨가 봄날 같다. 강의안 제출 기한이 코앞이고, 밀린 보고서 작성과 워크숍 기획에 틈틈이 글까지 써야 하는 처지라 포근한 날씨를 즐길 겨를이 없다.

일이 많으니 무슨 일이건 미리미리 처리하면 좋으련만 뭐든 코앞에 닥쳐야 정신이 번쩍 들면서 일을 해치우는 게으름병이 심적 부담의 주요인이다. 동네 친구들이 나를 '땡땡이'라 부르는 이유이기도 하다. 겉보기엔 모범생 같은데, 친해지고 알면 알수록 땡땡이 포스가 만만치 않다나.

그러니 큰애를 뺀 두 딸들의 게으름이 어디서 비롯되었겠는가? 유전자의 힘 덕분인지, 두 아이 모두 청출어람이 따로 없다. 아마도 '매사에 천천히'를 삶의 신조로 삼고 있는 남편의 유전자가 더해진 탓이 아닐까 싶다.

땡땡이에 일가견이 있는 내가 될 수 있으면 빼먹지 않으려 노력하는 일과가 있으니, 바로 신문 읽기다. 오토바이로 새벽바람을 가르며 언덕 꼭대기 집까지 배달된, 누군가의 땀내가 밴 종이신문. 아침 끼니를 챙기는 것처럼 신문 읽기는 내 일상의 한 부분을 차지하고 있다.

그러나 나도 한때 종이신문과 이별한 적이 있으니, 이 동네로 이사를 오면서 창간 초기부터 구독해왔던 신문을 중단했더랬다. 한 달 뒤에 구독 신청을 다시 해야지 하다가 이런저런 이유로 차일피일 미루다 보니, 어느새 3년이란 시간이 흘러버렸다.

그렇게 신문 없는 일상이 익숙해질 무렵, 한 통의 전화가 걸려 왔다.

"김복남 씨죠? 여기 ○○○신문 구로지국입니다."

"무슨 일이시죠? 이사 오면서 신문은 끊었는데요?"

"아, 네. 알고 있습니다만, 다시 신문을 구독해주십사 하고 전화 드렸습니다. 오랜 독자시고 해서…."

별도의 비용을 내지 않아도 인터넷으로 필요한 기사를 찾아보는 것에 익숙해졌던 터라 이사를 오고 나서는 종이신문의 필요성을 크게 느끼지 못했다. 오랫동안 종이신문을 끼고 살아온 나도 이럴진대, 다른 사람들은 오죽할까.

신문사가 어렵다는 이야기는 대략 알고 있었지만, 담당 지역이 아닌데도 어렵게 구독을 부탁할 정도라니. 전화기 너머로 들리는 목소리에서 팍팍한 지국 사정을 짐작할 수 있었다.

한 달에 1만 8천 원, 1년이면 20여만 원. 여유 있는 형편도 아닌데, 이 돈을 내고 신문을 봐야 하나? 그보다 바쁜데 신문을 읽을 시간이 있을까? 이런저런 생각이 머릿속을 스쳐갔지만, 나는 구독을 하겠다고 말했다. 그것도 구독 권유를 기다려왔다는 듯이 아주 흔쾌히. 그렇게 신문이 다시 집으로 배달되었다.

신문을 펼쳐들면 종이와 잉크 냄새 외에도 아버지 냄새가 난다. 일찍 돌아가셔서 점점 희미해져가는 아버지에 대한 기억 가운데서도 유달리 또렷하게 남아 있는 장면이 있으니, 신문을 읽는 아버지의 모습이다.

아버지는 항상 일찍 일어나셨다. 술을 그렇게 좋아하고 즐겨 마시는 데도 다음 날이면 어김없이 새벽에 일어나는 아버지의 모습을 보고, 어릴 적엔 어떻게 저럴 수 있지 하는 생각이 들어 신기했었다. 그러다 대학생이 되고, 술을 마신 다음 날 새벽에 저절로 눈이 떠지는 걸 경험한 후에 그 의문은 단번에 풀렸지만. 속이 쓰려 도저히 누워있을 수가 없었다!

과음한 다음 날도 어김없이 마당을 쓸고 신문을 읽던 아버지. 그리고 그런 아버지를 쳐다보는 곱지 않던 엄마의 눈초리는 내겐 너무나 익숙한 아침 풍경이었다.

가족의 궁핍함은 나 몰라라 한, 그야말로 한량이었던 외할아버지 밑에서 딸로 태어나 학교는 고사하고 어렸을 때부터 집안일, 농사일에 손을 보태야 했던 엄마로서는 술을 먹은 다음 날 신문이나 보고 있는 아버지가 그리 곱게 보이지 않았으리라.

엄마의 올라간 눈초리와 성난 얼굴은 본인이 겪었던 성차별에 대한 분노일 뿐만 아니라, 외향적이고 적극적인 성격에다 생활력 강한 여성이자 엄마로서 그렇지 못한 남편에 대한 불만의 표현이었을 것이다.

이렇게 아버지의 기억이 묻어있는 종이신문은 나의 청년 시절을 함께한 동료이자, 아이를 낳고 키우는 동안 항상 옆에 있던 친구 같은 존재였다. 그러나 신문이 팔락 넘어가는 소리가 정겨운 건 나와 남편까지인가 보다. 스마트폰이 익숙한 아이들에게 신문은 구석기시대 유물 정도인지 좀처럼 신문을 펼치는 일이 없다. 그래서 우리 집 신문은 늘 우리 부부 차지다.

나 역시 일이 바쁘면 며칠씩 신문을 보지 못하고 지나칠 때가 있다. 그러다 여유가 생기면 신문을 펼쳐 기사 제목부터 꼼꼼히 읽는다. 맘에 드는 기사를 발견하면 단톡방에 링크를 걸거나 간단한 의견을 달아 공유도 한다.

미국의 전통적 가족 형태는 도시 외곽에서 부부가 자녀를 키우며 사는 핵가족이었다. 하지만 커플 혹은 부부를 기반으로 하는 가족 형태는 갈수록 줄고 있고, 1인 가구 비중이 28%(2015년 기준)에 이른다. '원하는 만큼 독립된 생활을 누리고, 필요한 만큼 연대를 나눈다'는 인식 아래 다양한 형태의 가족이 등장하고 있는 것이다.

"지금 미국인들은 '따로 또 같이' 살고 싶어해요"
〈한계례 신문〉 2017년 2월 16일

종이 냄새를 흠씬 맡다 눈에 확 꽂힌 기사다. 언제부터일까? '결혼'이나 '가족'이라는 단어를 보면 가슴이 답답해지기 시작한 게. 신자유주의 여파가 몰고 온 경쟁과 소비 중심의 사회문화는 관계의 단절로 이어져 개별화되고 파편화된 삶을 살게 만들었다. 삭막한 일상이 이웃과의 관계는 물론이고 가족 속으로 깊숙이 파고들었다.

몇 해 전 아파트 한 채를 소유했었다. 오래됐지만 이전 집보다 넓은 평수의 아파트였다. 서울에 내 집 마련의 꿈을 이룬 것이니 행복해야 하건만, 30년 동안 은행과 공동소유한 채 죽어라 원금의 몇 배인 이자를 매달 꼬박꼬박 내야 하는 상황에 놓였다.

넓어진 집과 편리해진 교통만큼 경제적 부담도 늘어났고, 그에 반비례해서 아이들과 보내는 시간은 줄어들었다. 노동에 지쳐 말 없는 남편을 지켜봐야 했으며, 나 역시 하고 싶은 일과 생업을 한꺼번에 해내느라 정신없는 나날을 보내야 했다. 빚까지 내며 마련한 보금자리가 결국 잠만 자고 나가는 곳이 되어버렸다. 이웃과의 왕래는 언감생심이고, 출퇴근길 마주치는 앞집과 인사하는 게 교류의 전부였다.

관계를 소비로 환원시키는 시스템에 갇히게 되니 나와 내 가족을 중심으로 울타리를 치게 됐고, 이웃과의 거리는 점점 멀어졌다. 그렇다고 울타리 안의 가족과 더 많은 대화를 나누고, 관계가 돈독해졌냐고 묻는다면, 대답은 'NO'다. 남하고 경쟁하느라, 더 많은 노동시간에 매달리느라 가족 모두가 바빠진 탓이다. 우리 집만 이랬을까?

꿈꾸던 보금자리가 오히려 숨을 옥죄는 모순된 현실에 지쳐가던 때, 경쟁과 소비로 점철된 삶에서 벗어나 어릴 때처럼 이웃들과 위로와 도움을 주고받는 그런 일상을 살고 싶었다. 운 좋게도 주변에 나와 같은 생각을 가진 사람들이 있었고, 함께 모여서 관계가 중심인 삶을 살아보기로 했다.

바쁘더라도 사람과 대면하는 시간을 늘리고, 돈보다 관계가 더 쓸모 있는 삶을 살기 위해서 필요한 것들을 어떻게 마련할지 궁리했다. 같이 힘을 합쳐 먹고사는 문제까지도 해결해보기로 했다. 그렇게 공동체적 일상을 공유하기 위해 하숙집 같던 아파트를 떠나게 되었다.

새로운 곳에 둥지를 튼 나는 전보다 한가해졌을까? 이번에도 대답은 'NO'다. 같이 일을 만들어내느라 바쁘고, 같이 먹고사는 데 힘을 쏟느라 바쁘고, 틈틈이 모여서 밥 먹고 수다 떨고 영화를 보고 놀러가느라 바빠 죽을 지경이다.

전보다 흥미로운 일들이 많아졌고, 관계는 이이지고 이어져 이런저런 용건으로 갈 곳도 할 일도 늘었다. 그러나 이 바쁨은 경쟁과 소비와는 거리가 멀다. 나는 지금 바빠서 죽을 지경이라는 배부른 투정을 늘어놓을 만큼 꿈꾸던 삶과 가까이 닿아 있다.

끊어진 관계를 복원하고, 아쉬운 것을 관계의 힘으로 해결하는 마을공동체. 이런 삶을 지향하고, 일상을 그렇게 채워가는 사람들이 아직은 부족했던 터라 이 동네로 처음 이사 왔을 때만 해도 거리상 우리 집과 맞닿아 있는 이웃은 별로 없었다.

세 들어 살았던 건물은 구조상 윗집에 오늘 무슨 일이 일어났는지 알고 싶지 않아도 알 수밖에 없어 문제인 사이였고, 3층 주인집과는 그래도 친하게 지냈다. 몇 달 전에 이사를 왔으나 얼굴 보기 어려운 옆집은 또 어땠던가. 전혀 왕래가 없는 옆집에 궁금증이 생긴 것은 주차 때문이었는데, 외제차가 떡하니 자리를 차지하고 있어 주차할 때마다 신경이 쓰인 정도였다. 이렇게 세 집이 공간적인 이웃의 전부였다.

도시에서 관계가 형성되지 않은 이웃에 대한 관심이란 고작 이런 수준이다. 주차나 층간소음 때문에 서로 얼굴 붉히는 일이 없는 것만으로 좋은 이웃 관계가 되어버린 지 오래다.

그래서일까? 공동체를 희망하는 사람들도 더 이상 이웃을 살고 있는 집과 근거리에 있는 사람들로 제한하지 않는다. 관계를 맺을 때도 사생활이 지켜지는 적정 거리를 유지한다. 직접 만나지 않아도 SNS를 통해 일상을 공유하고, 서로 관심사가 같은 사람들 중심으로 관계망을 형성한다. 이렇게 '따로 또 같이'라는 새로운 형태의 관계를 형성하는 이웃들이 점점 늘고 있다.

이웃과 밥상을 같이 하는 일이 흔했던 나는 우리 집을 개방하는 것에 별 거리낌이 없었다. 그래서 비교적 넓은 편인 우리 집에서 종종 모임을 가졌다. 허나 아이들에게서 왜 미리 의논하지 않았냐는 불만을 들어야 했으니….

청년세대인 우리 아이들만 봐도 집은 개인적 공간이라는 경향이 뚜렷하다. 사생활과 휴식에 대한 욕구가 커지면서 생긴 현상 같다. 사람을 만날 땐 카페나 식당에서 사전에 약속을 잡고 만난다.

마을공동체 사업에 참여한 주민들도 다들 내 집 이외에 편하게 모일 수 있는 공동 공간이 부족하다고들 한다. 전통적 공동체와는 다른 방식, 즉 '따로 또 같이'라는 방식으로 이웃과 관계 맺기를 바라는 것이다.

대가족이나 핵가족 같은 일반적인 가족 형태가 줄어들고, 혼자 생활하는 사람이 많아질수록 기사에 나온 사례처럼 각자 원하는 만큼 독립적인 삶을 살다가 필요한 만큼 연대하는 삶의 방식이 늘어날 것으로 보인다.

혼자 사는 1인 가구끼리, 한부모 가정끼리, 자녀가 독립해 부부만 남은 사람들끼리, 나이 들어 아픈 사람들끼리 연대하는 삶은 우리에게 새로운 공동체 모습을 보여준다. 닫힌 가족 형태에서 벗어나 좀 더 유연한 가족 형태로 이웃과 어우러진 삶은 생각만 해도 지루할 틈이 없고 마음까지 든든해질 것 같다.

일하고 놀고 휴식까지 대부분의 일상을 마을과 관계망 안에서 해결하는 나는 이웃들과 어떤 방식으로 연대하며 살아가고 있을까? 오늘도 사람 냄새 나는 신문을 펼치며 이웃들과 나누는 일상이 있어 참 다행스럽다는 생각을 한다.

대체 저 건물은 뭐래?

우리 동네를 바꿀
방법을 연구합니다

"동네 사람인데요. 지나가다 들렸어요. 근데 여긴 뭐하는 곳이에요?"

"밖에 시니어 라인댄스 회원을 모집한다고 붙어있던데, 여기서 해요?"

"공간 대관 홍보물을 봤어요. 소모임도 이용할 수 있나요?"

공동체주택이 완공되어 도로가에 모습을 드러낸 이후로 귀 아프게 들었던 질문이다. 지나가다 발길을 멈추고 건물 앞에 붙은 플래카드나 안내문을 한참 들여다보는 사람도 부지기수. 외관만 보면 신축빌라 같은데, 붙여진 홍보물을 보니 공공건물인 것 같기도 하고, 도대체 건물의 정체를 파악하기 어려웠던 탓이다.

입주한 지 만 1년이 된 지금도 홍보물과 배너를 보고 건물 입구를 기웃거리거나 사진을 찍어가는 주민들이 꾸준히 늘고 있다. 뭐하는 곳이냐고 묻고 가던 주민들 중에는 공간을 대여하거나 주민동아리 회원이 되어 정기적으로 방문하는 분도 생겼다. 그중 한 명이 마을언덕사회적협동조합(이하 마을언덕사협)의 조합원이 된 종숙 씨다.

길 건너 맞은편에 사는 종숙 씨는 공동체주택이 지어질 때부터 남편과 유심히 지켜보았단다. 공사 내내 무슨 건물이 들어설까 궁금했는데, 완공된 모습을 보니 더 궁금해졌다고. 1층은 근린생활시설인 것 같은데 비어있고, 2층은 통유리 너머로 사람들이 모여 있는 모습이 자주 보이는데, 도통 뭐하는 곳인지 짐작이 안 가서 한동안 부부의 이야깃거리였다고 한다. 그러다 공동체공간 '숨'을 빌려 학부모 모임을 갖는 것으로 마을언덕사협과 인연을 맺었다.

원래 1층은 부모협동조합이 운영하는 어린이집이 들어오기로 되어있었다. 그러나 주택 설계 때부터 난항을 겪었던 어린이집은 공동체주택 재정지원에 빨간 불이 켜지면서 아예 없던 일이 되고 말았다. 여기서는 한 문장으로 압축했지만, 최종적으로 계획이 무산되기까지 그 우여곡절은 말로 다 하기 어려울 정도다.

과정이야 어찌 됐건 결과적으로 건물의 얼굴 격인 1층 공간이 공실이 되어버렸으니, 동네 사람들이 '대체 저 건물이 뭐래?'라는 의문을 갖는 것도 당연했다.

2019년 7월에 입주하고 한 달이 지나서, 드디어 2층 주인인 마을언덕사협의 개소식과 홍은둥지마을언덕 공동체주택의 오픈식이 열렸다. 조합원과 관계자들, 지인들로 건물이 북적였다. 이때다 싶어 놀러온 동네 목공소와 반려견 호텔 주인장과도 인사를 나눴다.

지하 주차장부터 1층 마당, 개인주택을 포함하여 옥상까지 모든 곳을 설명하며 공개 투어를 진행했다. 준비한 행사 중에는 방문객들에게 공동체주택이 어떻게 탄생했는지 소개하는 시간도 있었다.

설명이 끝난 뒤 손님들은 진심 어린 축하와 함께 무모해 보이는 계획을 강행한 것에 대한 부러움을 표했다.

"아이고! 건축 과정을 들어보니 보통일이 아니었겠네. 정말 고생 많았어! 그래도 이렇게 번듯한 건물이 생겼으니, 얼마나 좋아. 앞으로 쭉쭉 나갈 일만 남았네."

"와주셔서 감사해요. 좋긴 한데 허리가 휘네요. 해결해야 할 문제도 첩첩산중이고…."

축하해주러 오신 분들이야 건물을 짓는 험난한 과정이나 완전 자산화까지 갈 길이 구만리라는 얘기보다는 완공된 건물이 더 눈에 들어오니 부러움이 클 수밖에.

그래도 그날만큼은 마을언덕사협을 포함해서 이런 집을 지은 우리들이 대견하고 축하받을 만하다는 생각에 웃음이 나왔다.

오픈식 때부터 비어있던 1층 공간은 10월이 되어서야 주민주식회사 형태의 협동플랫폼카페 '이웃'이 들어섰다. 애초에 목적에 맞게 설계된 공간이 아니었기에 1층 카페는 여느 카페와 다른 점이 많았다. 유난히 낮고 동그란 모양의 창문도 그렇고, 도로가에 출입문이 없어 건물 입구를 통과해야지만 카페로 들어갈 수 있는 낯선 구조도 그랬다.

카페 이웃은 일반적인 카페보다는 다양한 행사와 강좌, 커뮤니티 모임, 회의 장소로 쓰일 때가 더 많았다. 영업하는 곳이 맞나 헷갈려하는 손님들이 적지 않았지만, 그래도 알음알음 1층에 카페가 있다는 소문이 퍼지면서 하나둘씩 차를 마시러 오는 손님들이 생겨났다.

그렇게 첫해를 보내고, 고심 끝에 대대적인 리모델링 공사에 들어갔다. 없는 살림에 거금을 들여 길가로 나 있던 큰 창을 출입문으로 바꾸고, 도로가 이격거리는 안전을 고려해 데크로 조성했다. 이렇게 꾸며 놓으니 확실히 카페 느낌이 살면서 사람들의 진입 문턱이 낮아졌다.

건물에서 가장 넓은 공간인 1층 카페가 다시 문을 열자 2층 공동체공간도 더 활기를 띠었다. 아무래도 2층보다야 1층이 접근성이 더 좋고, 카페라는 특성상 오다가다 커피 한 잔 하면서 건물에 대한 궁금증을 풀기 좋았던 것이다.

그 덕분일까? 동네 주민이자 조합원인 기선쌤의 지도로 가장 처음 문을 연 시니어 라인댄스 수업은 금방 모집정원을 넘기는 쾌거를 올렸다. 매주 화요일 6시면 공동체공간에선 왈츠, 트로트, 팝송 등 다양한 음악에 맞춰 화려한 댄스의 향연이 펼쳐졌다. 나중에 종숙 씨가 말하길 유리창 너머로 보이는 경쾌하고 우아한 움직임이 그렇게 보기 좋았단다.

비슷한 시기에 한 주민의 제안으로 둘째 주 토요일마다 플리마켓도 열었다. 규모가 큰 행사는 아니지만 동네 사람들에게 마을언덕사협을 알리기 위한 노력의 일환이었다. 지역에서 열리는 소소한 장터가 다 그렇듯이, 안 쓰는 물건을 서로 매매하고 교환하면서 즐거운 경험을 쌓는 게 목적이었다.

2층 공동체공간은 각종 모임과 회의 장소로 평일 대관이 꾸준히 이어졌다. 평일 예약이 차는 거야 그렇다 쳐도, 주말에도 풀로 빌리는 경우가 흔했다. 사업 초창기 시절 공간을 알리는 게 더 중요했던 터라 운영비도 안 나올 정도로 싸게 대관료를 책정했기 때문이다.

저렴한 비용에 멀리 나가지 않고도 하룻밤 묵으면서 여행 기분을 낼 수 있으니 아빠 모임이나 부부동반 모임 예약이 꽤 있었다. 와서 음식도 해먹고 영화도 보고 수다도 떨며 놀다가기 딱 좋았던 것이다.

이렇게 공간대관사업이 막 기지개를 킬 무렵 공동체공간이 주민들의 공동체 문화를 활성화하는 데 거점이 되길 바라는 우리 취지에 부합하는 사업을 만났다. 서울시에서 추진하는 우리동네 문제해결 실험실, 로컬랩(Local Lab) 사업이 바로 그것이다.

로컬랩은 공공의 힘으로 해결하기 어려운 작은 단위 지역문제를 주민 스스로 찾아내고, 연구한 해결방안을 주민 스스로 실행하는 프로젝트다.

과제를 수행하기 위해선 주민들의 다양한 목소리를 듣는 과정이 필수였다. 그렇게 수렴한 주민 의견과 객관적인 자료조사를 바탕으로 지역의 핵심문제를 정의하기 위한 공론장이 1층 카페에서 열렸다.

공동체주택이 지어진 홍은동은 오래된 주택과 신축빌라가 섞여 있는 주거지역이다. 좁은 골목길과 일방통행로가 대부분인 곳으로, 잘 가꾼 정원을 가진 주택 덕분에 골목길을 걷는 재미가 쏠쏠했다. 그러나 개발업자에게 하나둘 집이 팔리면서 두 필지의 집을 합친 다세대 빌라가 무섭게 늘어나기 시작했다.

새로운 주민의 유입이 계속 늘어나면서 누가 이사를 와서 사는지 모를 정도였다. 특히 지난 몇 년 동안 시시각각 변해가는 골목길 풍경, 사라져가는 이웃과의 교류를 통해 동네가 점점 삭막해져 가고 있다는 걸 피부로 느꼈다.

이런 동네 상황에 다들 공감했기 때문일까? 1년차 로컬랩 과제는 골목문화 활성화로 결정됐다. 시스템적인 문제는 제외하고, 우선 사람과 공간을 잇는 축제 또는 프로그램을 만들어보자는 쪽으로 가닥이 잡혔다. 도출한 솔루션을 실행할 팀이 '주민기획단'이란 이름을 달고 출범했다.

지금은 코로나 사태로 기획했던 프로그램들을 실행하기에 쉽지 않은 상황이지만, 동네 공간에 모여 회의도 하고,

아쉬울 때 도움을 주고받을 이웃이 있고,
단골가게가 많아 믿고 살기 편한 곳.
갖고 있는 재능을 나눔으로써 배울 기회가 많은 곳.

이런 곳이 평생 머물고 싶은
동네가 아닐까?

다른 동네로 노하우를 배우러 가는 등 나름 할 수 있는 일을 찾아 고군분투 중이다.

"이거 좀 주려고 들렸어. 엊그제 담은 깍두기인데 좀 줄라고. 여긴 밥 먹는 사람이 많잖아."

사무실 책상 너머로 영자쌤의 다부진 얼굴이 보인다. 마을언덕사협에 들를 때마다 어디서 뜯어온 취나물, 옥상에서 가져온 다육이, 최근엔 처음 본 마늘대에 핀 예쁜 꽃까지 사람들과 나누고 싶은 것들을 들고 오신다. 우리 마을 독보적인 시니어 라인댄스 강사 기선쌤은 또 어떤가?

두 분 다 집 마당에서 따서 손질한 호두와 살구, 막 쪄낸 쑥개떡 등 종목을 가지지 않고 여러 사람과 나눠먹는 게 생활화된 분들이다. 살아온 세월만큼 인생 얘기부터 이웃과 겪은 에피소드를 듣는 재미가 쏠쏠하다.

영자쌤은 정말 똑순이. 매번 쓰레기를 영자쌤 집 앞에 버리고선 모른다고 잡아떼는 이웃 사람에게 조곤조곤 따져서 항복을 받아낸 일화는 유명하다. 핏대를 세우고 고래고래 소리치며 싸우지 않고도 상대방을 녹다운시키는 논리

정연한 말솜씨에 감탄이 절로 나온다.

우리 동네엔 영선쌤, 기선쌤 같은 별별 재주꾼들이 모여 산다. 어느 동네나 그렇다. 몰라서 그렇지 알고 보면 빛나는 보석들이 동네 곳곳에 숨어있다. 그 보석을 찾아 어떻게 빛 나게 할지 궁리하는 곳이 바로 마을언덕사협이다. 또 그런 사람들이 모여 소소하게 동네를 바꿔갈 방법을 얘기하는 곳이, 바로 공동체공간이다.

1층 카페는 주민들을 이어주는 공간이자 독립자영업자 가 주민들과 상생하며 살아갈 방법을 함께 모색하는 곳이 다. 그래서 협동플랫폼카페란 이름이 붙었다. 대형 마트와 온라인 쇼핑몰에 치여 생존을 위협받는 동네 소상공인들이 협동하여 이익을 창출하고, 이웃과 어울려 가게를 운영하는 재미를 느낄 수 있도록 돕는다.

아쉬울 때 도움을 주고받을 이웃이 있고, 단골가게가 많 아 믿고 살기 편한 곳. 갖고 있는 재능을 나눔으로써 배울 기회가 많은 곳. 이런 저런 이유들이 모여 생활비가 적게 드 는 곳. 익숙한 장소에서 익숙한 사람들과 시간을 보내니 다

톰과 문제가 적은 곳. 이런 곳이 평생 머물고 싶은 동네가 아닐까?

최근엔 시니어 라인댄스 외에도 노르딕워킹, 손뜨개, 기타 연주, 드로잉 강좌가 개설되었다. 새롭게 추가된 비즈공예 강좌까지 하면 목요일엔 수업이 세 개나 있어 제법 골목대학의 면모를 갖춰가고 있다.

얼마나 많은 수업이 지속적인 활동으로 이어질지는 두고 봐야 하지만, 대부분의 수업이 주민 강사의 주도로 이루어진다는 점은 대단히 고무적이다. 그중에서도 동네 서점인 '별별그림'에서 진행하는 드로잉 강좌는 막내 친구들과 4층에 사는 중학생 서원이가 수강생으로, 청소년 동아리의 가능성을 엿보게 한다.

골목의 변화는 이렇게 꿈틀대며 한 발을 내딛었다. 주말이나 휴일엔 다른 곳에서 여가를 즐기는 게 당연한 도시생활. 잠만 자는 베드타운 같은 동네. 동네에 뭐가 있는지 어떤 사람이 살고 있는지 관심조차 없는 삭막한 삶에 조금씩 변화의 바람이 불고 있다. 이런 소소한 변화가 조금씩 쌓여 어느 순간 우리 마을이, 우리 삶이 질적으로 달라지는 순간이 오지 않을까 생각한다.

오늘도 누군가는 지나가다 보이는 낯선 건물에 '대체 저 건물은 뭐래?'라고 물을 테지만, 공동체주택의 입주자뿐만 아니라 공동체공간과 협동플랫폼카페에 도움을 아끼지 않았던 조합원들, 그리고 우리를 지지하고 응원하는 사람들의 힘으로 완성된 이 건물은 공간의 한계를 넘어 다른 동네, 다른 사람에게 새로운 꿈을 꾸게 할 것이다.

우리가 그랬던 것처럼.

공동체주택 이야기

주민들과 어울려
재밌고 안전하게 사는 법

일찍 일어나려 알람까지 맞추고 잤건만, 결국 평소처럼 일어난 일요일 아침. 서둘러 빨래거리를 세탁기에 넣고 시작 버튼을 누른다. 대충 얼굴에 물만 묻히고, 우리 집 아래층인 마을언덕사협 사무실로 출근 아닌 출근을 한다.

아무도 출근하지 않은 일요일이지만, 해야 할 일이 쌓여 있는 나에겐 월요일 전날일 뿐이다. 언젠가부터 주말 이틀을 다 쉬는 건 어쩌다 찾아오는 호사나 다름없었다. 집과 직장이 한 건물에 위치한 뒤로는 출퇴근의 경계도, 평일과 휴일의 구분도 모호해진 일상을 살고 있다.

공동체주택에 이사 온 지도 만 1년을 코앞에 앞두고 있다. 매해 그랬듯이 흐르는 땀과 아프고 무겁기 만한 종아리가 여름이 다가왔음을 알려준다. 몸의 통증 외에도 여름의 시작을 명료하게 알려주는 신호가 있으니, 열린 창문으로 들리는 시끄러운 차 소리다.

2017년 8월 공동체주택을 짓기로 결정하고, 2019년 7월 완공하여 입주까지 딱 만 2년이 걸렸다. 진지하게 공동체주택에 관한 이야기가 오고 간 게 2013년이니, 그때부터 계산하면 6년 만이라고 해야 더 정확하겠다.

출근과 퇴근, 일하는 공간과 여가 공간, 일하는 동료와 노는 친구, 일과 가족, 내 일과 남의 일, 내 가족과 남의 가족…. 함께하는 시간이 쌓일수록 활동의 경계가 모호한 일상이 반복되면서, 이럴 바에야 같이 사는 게 어떨까 하는 생각이 공동체주택의 시작이었다.

건축 계획을 확정하기 전까지 관심을 가질 만한 지역 사람과 지인들을 대상으로 총 여덟 번의 설명회를 열었다. '우리가 이런저런 삶을 지향하고, 이렇게 집을 지을 건데 함께

하고 싶은 분이 계실까요?'라는 물음에 확답을 준 게 총 일곱 집. 그렇게 본격적인 공동체주택의 서막이 올랐다.

같이 집을 짓는 것에 동의한 데는 주거안정이라는 기본적 욕구도 있었지만, 더불어 쫓겨날 위험이 없는 주민들의 공간, 즉 '마을사랑방'을 만들자는 생각이 깔려 있었다. 그래서 나온 의견이 지역 내에서 서로 관계를 맺고, 놀고, 일하고, 활동하며 살아가길 원하는 주민이라면 누구나 이용할 수 있는 공간을 만들자는 것. 그 공간의 소유도 운영도 주민이 하자는 것. 혹여 우리가 건물을 떠난다 해도 그 공간만큼은 주민들의 것으로 남게 하자는 거였다.

사실 공동체주택 입주자들은 이전에도 근거리에 살거나 함께 일하는 경우가 대부분이었다. 단순히 각자의 집을 소유하고, 마음이 맞는 사람끼리 이웃으로 살고 싶다는 생각이 다였다면, 이렇게 차 소리가 요란한 4차선 대로변에 건물을 짓지 않았을 것이다.

근린시설로 분류되는 위치라 땅값 때문에 높은 건축비를 감수하면서도 이곳에 공동체주택에 지은 건 그래서였다.

더 많은 이웃과 어울리고, 쫓겨날 위험이 없는 공동체공간을 만들기 위하여. 이렇게 '모두의 공간'을 조성하기 위해 전세보증금, 임대보증금 또는 소유한 건물을 밑천 삼아 각자 자금을 조성하는 방식으로 공동체주택을 짓기로 했다.

새로운 공동체공간이 완성되기 전까지 우리는 '거북골 마을사랑방'에서 만 6년이 넘는 시간을 보냈다. 아는 사람이 늘고, 하고 싶은 일, 필요한 것들이 늘어나면서 사랑방은 점점 비좁아졌다.

여러 단체가 공동사무실로 쓰는 방엔 책상 둘 데가 없어 거실에 책상을 두는 지경에 이르렀다. 주민 모임이 주로 이루어지는 큰 방 역시 사정은 마찬가지. 아무리 끼어 앉아도 15명이 넘어가면 비좁아 움직이기 힘든 탓에 한꺼번에 모일 수가 없었다. 주방에 있는 8인용 식탁도 회의 테이블이 된 지 오래였다.

그렇게 작은 방에서는 사무를 보고, 큰 방에서는 모임이 열리고, 거실에서는 아이를 돌보고, 주방 식탁에서는 회의를 하는 진풍경이 펼쳐졌다.

거북골마을사랑방은 명지대 학생들이 많이 자취하는 오래된 연립주택이 오밀조밀 모인 골목길에 위치해 있었다. 기본 구조는 그대로 두고, 불편한 것만 손봤을 뿐이라 밖에서 보면 오래된 주택처럼 보였다. 넓은 마당에 함께 모여 김장을 담거나 낯선 사람들이 드나드는 모습을 본 주민이나 일반 가정집과 다르다는 것을 알지, 대개는 뭐하는 곳인지 잘 모르는 경우가 태반이었다.

이렇게 제한적인 위치와 구조에도 불구하고, 관계자들과 이용하는 주민들, 입주해 있는 단체들로 포화상태에 이르렀으니…. 다양한 활동을 펼쳐나가기 위해서는 더 많은 사람과의 만남이 필요한데, 지금의 사랑방으로는 무리였다.

무엇보다 집주인이 나가라고 하면 언제든 쫓겨날 수밖에 없는 임대공간이란 것이 가장 큰 문제였다. 계약일이 다가올 때마다 오를 임대료도 걱정이거니와 언제까지 이 공간을 재임대할 수 있을까 하는 막막함도 큰 불안 요소였다.

게다가 임대료와 관리운영비 등을 합쳐 매달 100만 원이 훌쩍 넘는 고정비용을 내야 하는 것도 부담이었다. 지속성이 담보되지 않은 공간에 계속 돈을 쓰느니, 차라리 그 비용으로 빚을 갚아나가면서 효율적인 공간을 공동 소유할 방법을 고민하게 되었다.

　같이 살 집을 짓기로 결정한 뒤로도 적당한 부지를 찾기까지 제법 시간이 걸렸다. 또 각자의 생활 때문에 집 짓는 일에만 매달릴 수 없는 노릇이라 이거저것 준비하는 데만 4~5년이란 시간이 훌쩍 지났다.

　준비기간 동안 부지 매입부터 완공까지 모든 건축 과정을 구성원들끼리 민주적으로 소통하고 논의하겠다는 원칙을 세웠다. 일정상 주택협동조합을 설립하진 못하지만, 운영은 협동조합의 방식을 따르기로 했다. 매주 1~2회 공동체주택 설립을 위한 정기회의도 열었다.

　2017년 12월, 정원에 풀이 아무렇게나 자라있고, 오랫동안 보수하지 않은 낡은 이층집을 매입했다. 부지를 매입하고, 가장 먼저 한 일은 우리의 욕구와 필요를 최대한 충족시키는 건축사를 찾는 것이었다.

　세 곳의 건축사무소와 각각 미팅을 가진 다음, 한옥을 전문적으로 설계해온 구가건축을 선택했다. 구가의 조정구

건축사는 공동체주택을 건축해본 경험은 없지만, 우리가 지으려는 집의 정체성에 공감하며 이 일에 꼭 참여하고 싶다는 뜻을 밝혔다.

시공사 역시 건축사와 마찬가지로 한정된 비용 내에서 우리의 조건과 취지를 어떻게 반영해줄 것인지 검토한 후에 최종적으로 선택했다.

집을 지으면 10년은 늙는다는 말이 있다. 건물을 짓겠다고 마음먹은 순간부터 주변 사람들에게 계속 들었던 말이기도 하다. 그만큼 좋은 건축사와 시공사를 찾기 어렵다는 말일 테다.

결론부터 말하면 우리의 결정은 꽤 괜찮은 선택이 아니었나 싶다. 모든 것이 다 만족스러운 것은 아니어도, 자금 사정이나 개개인의 까다로운 요구를 이 정도까지 반영한 것만 봐도 좋은 분들을 만났다고 자평할 정도는 되니 말이다.

마을언덕홍은둥지는 1층에 협동플랫폼카페 이웃, 2층엔 마을언덕사협이 소유·운영하는 공동체공간과 공동사무실, 3층부터 6층까지는 개인주택으로 구성되어 있다.

저마다 라이프스타일과 원하는 게 다르다 보니, 누구는 높은 층고에 하늘을 볼 수 있는 천창이 있어야 하고, 또 누구는 알래스칸 맬러뮤트인 둥둥이와 불편 없이 살 공간이 필요하고, 다른 누구는 두 개의 화장실과 다용도실이 있어야 했다. 그렇다고 공용공간은 수월했냐면 그것도 아니다. 넓은 공용주방, 교육과 공연이 가능한 다목적 홀 등 산 넘어 산이었다.

처음엔 제한된 공간에 모두의 바람을 실현시키기 어렵다는 것을 알면서도 다들 각자의 필요와 욕구를 풀어놓기 바빴다. 그러나 설계와 공사가 진행되면서 자연스럽게 서로 포기할 것과 양보할 것이 구분되었다. 설계사와 공사 담당자도 최대한 우리의 의견을 반영해주어서 지금의 마을언덕홍은 둥지가 탄생할 수 있었다.

사람들은 공동체주택을 짓고 산다는 말을 하면, 많은 이해관계가 얽혀있을 텐데 어떻게 그게 가능하냐며 신기해했다. 서로 양보하고 배려하니 큰 문제는 없었다고 대답하면, 대단하다고 감탄하면서도 납득하기 어렵다는 표정을 지었다.

그도 그럴 것이, 어느 집의 지붕을 높인다는 건 동시에 다른 집의 시야가 가려진다는 것을 의미한다. 사람보다 덩치가 큰 반려견과 살려면 옥상을 자유롭게 사용해야 하므로 그 집에 꼭대기 층수를 양보해야 한다. 두 개의 화장실이 필요한 4인 가구가 살려면, 붙어있는 옆집은 평수를 조금 줄일 수밖에 없다.

3층부터 6층까지 한 층에 두 세대가 살다 보니 채광이나 소음에서도 차이가 난다. 설계부터 한 단계, 한 단계가 서로의 이해관계가 충돌할 수밖에 없는 문제였다.

우리 가족을 비롯해서 다른 세대도 원하는 바를 100퍼센트 반영한 집은 없다. 어떤 것은 뜻대로 되었지만, 또 어떤 것은 아니었다. 그러나 우리는 어떻게 해서든지 공동체 주택을 짓는 것을 최우선 과제로 삼았기 때문에 다른 사람의 필요와 욕구를 긍정적으로 수용할 수 있었다.

예를 들어 우리 집은 5층에서 3층으로 내려온 대신 18평 미만의 다른 집들과 달리 개인주택 중 가장 넓은 면적인 20평을 소유하게 되었다. 4인 가구로 가장 많은 가족 수를 배려했기 때문이다.

공동체주택이라는 정체성에 부합하는 것 중에 주목할 것이 있는데, 바로 자금조달 방식이다. 토지를 담보로 대출을 받고, 나머지는 각자 조달할 수 있는 금액을 마련해 총 건축비를 충당했다. 자금 조성은 공동으로 하되, 이자는 세대별로 해당하는 것만큼 부담했다.

N분의 1로 각 세대가 일정한 금액을 각출한 것이 아니라 누구는 집을 팔아서, 누구는 지인에게 더 많은 자금을 끌어와 필요 자금을 만들었다. 이렇게 조성된 자금은 필요한 곳에 쓰고, 자기 필요 지분만큼 공동으로 책임을 진다. 결과적으로 자금을 조성하는 데 그만큼 기여할 뿐이다.

각자 동원할 수 있는 자금에 차이가 날 수밖에 없으나 공동체주택의 의결 주체는 그것과 상관없이 평등하게 1가구 1표다. 이것이 마련된 자금이 거의 없던 1, 2층 공간을 조성할 수 있었던 이유이자, 공동체공간의 지역 자산화를 위한 우리만의 모델이 된 이유이기도 하다.

우리가 선택한 공동체주택은 자기 지분만큼 이자와 원금을 책임진다는 면에서는 일반주택과 같지만, 자금 조성과 건축 과정에서 개인의 책임과 분담을 칼로 무 자르듯이 나누지 못한다는 점에서 차이가 난다. 이런 방식이 가능한 이유는 흥하면 함께 흥하고, 망하면 함께 망할 수밖에 없는 경제공동체이기 때문이다.

만약 우리가 집을 짓고, 시세차익을 노려 돈을 버는 일에 열중했으면, 완공은 고사하고 관계도 애저녁에 쫑났을 것이다. 그런 목적으로 집을 짓기엔 우리 방식은 너무나 많은 갈등과 충돌이 예상되기 때문이다.

그 모든 과정에는 계산조차 불가능한 협업, 양보와 배려, 자발적 희생이 포함되어 있다. 누군가는 현금화할 수 있는 재산으로, 누군가는 신용과 책임을 걸고, 누군가는 바쁜 와중에 복잡한 재정테이블을 짜고, 공사 과정을 지켜보는 등 자신의 시간과 노동력을 기꺼이 제공했다.

나열하기도 벅찬 이 과정은 결코 어느 한 사람의 희생과 노력으로 이루어질 수 있는 게 아니다. 계획대로 흘러가는 일뿐만 아니라 시시 때때로 발생하는 문제들에 대처하는 발품까지 고려한다면 공동 운명체로 똘똘 뭉쳐야 대응이 가능한 과정일 것이다.

처음 해보는 일이 다 그렇듯이, 가보지 않은 길에는 두려움과 걱정이 앞선다. 그럴 땐 혼자인 것보다 다른 사람들과 함께 일을 벌일 때 더 안심이 된다.

이때 불안감을 떨칠 수 있는 건 다수라서가 아니다. 그 힘은 서로에 대한 신뢰에서 나온다. 그들도 나와 같은 목적을 가지고 있고, 목적을 이루기 위해 긍정적인 방향으로 애쓸 거란 걸 믿어 의심치 않는 신뢰 말이다. 그럼 그 신뢰는 어떻게 만들어지는 걸까?

갑자기 하늘에서 뚝 떨어지지도, 좋은 사람을 만났다고 만들어지는 것도 아니다. 당연히 돈으로도 불가능하다. 튼튼한 신뢰는 내 정성과 시간이 쌓여야지만 생기는 결과물이다. 주먹만한 눈뭉치를 굴리고 굴리다 보면 집채만한 눈뭉치가 만들어지듯이, 신뢰란 것도 노력의 과정이 있어야 커지고 단단해진다.

건물을 지었으니 이제 한 시름 놓겠다 싶겠지만, 오히려 할 일이 태산이다. 공동체주택이 그 정체성을 온전히 발휘하기 위해선 아직 갈 길이 멀기 때문이다. 주민자산화까지는 족히 10년은 넘어야 가능할 것으로 보이고, 각 세대 역시 열심히 빚을 갚아나가야 한다. 그 과정에서 건축 때보다 더 큰 배려와 양보가 필요할 것으로 보인다.

더 많은 사람들이 모여 머리를 맞대고 손발을 움직여야 한다. 협동만이 공동체주택을 짓는 데 동참한 사람들이 더 나은 삶을 살 방법이다. 아울러 동네 주민들과 어울려 즐겁고 안전하게 늙어갈 유일한 방법이기도 하다. 신영복 선생의 글이 마음에 와 닿은 것도 같은 이유에서가 아닐까?

머리 좋은 것이 마음 좋은 것만 못하고

마음 좋은 것이 손 좋은 것만 못하고

손 좋은 것이 발 좋은 것만 못합니다.

관찰보다는 애정이, 애정보다는 실천이,

실천보다는 입장이 더욱 중요합니다.

입장의 동일함, 그것은 관계의 최고 형태입니다.

신영복, 《처음처럼》 중에서

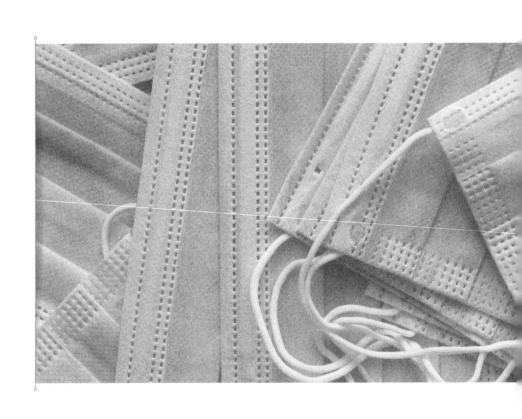

재난에서 살아남기

코로나 사태 속에서
더 빛나는 지역 관계망

"공공의료원 확충 서명" "코로나19가 드러낸 한국인의 세계-의외의 응답편" "도서관음악회15. 온라인 집[콕]콘서트-Epidemic Baroque(유럽을 치유했던 바로크 음악)" "서울시 학생 있는 가구에 10만 원 식재료 꾸러미 지원 "

코로나가 우리를 습격한 지 5개월. 최근 단톡방에 공유된 정보들이다. 하루에 한두 개씩 코로나와 코로나가 바꾼 일상에 관한 글이 꾸준히 올라오고 있다.

매일 아침 가장 먼저 경제정보를 알려주는 〈리멤버 나우〉

로부터 "코로나가 살릴 산업, 죽일 산업"이라는 제목의 칼럼을 받았다. 뭔가 싶어 스마트폰을 열어 확인해 보니, 코로나 이후 달라질 삶과 경제를 다룬 《코로나 빅뱅, 뒤바뀐 미래》라는 책을 소개하는 내용이었다.

코로나 시대 최대 수혜자는 온라인 쇼핑몰로, 쿠팡의 매출은 이전 대비 70퍼센트 상승해 비상경영체제에 돌입할 정도로 택배 물량이 넘쳐난단다(매출 상승과 별개로 감염자가 속출한 것은 물류센터가 감염병에 매우 취약한 노동 환경임을 드러낸 꼴이지만).

온라인 마켓 최강자 아마존의 매출 상승은 수치 감각을 잃을 정도로 코로나 시대 범글로벌 수혜자로 떠올랐다고 한다. 반면 오프라인 쇼핑 매장은 회생불가의 길을 걷고 있다하니, 코로나가 바꾼 경제 판도는 이 책의 표현대로 '한 시대를 풍미했던 유통 공룡들의 멸종'이나 다름없다. 또 하나는 홈오피스 산업의 부상이다. 재택근무에 적합한 업무환경을 위한 시스템 구축 산업이 활기를 띠고 있단다.

칼럼에서 유독 눈길을 끄는 내용이 있었는데, 바로 '기로에 선 공유경제', '오프라인 대중문화가 사라지고 있다'는 대목이다.

사람과 사람을 잇는 지역 관계망이
그 어느 때보다 중요한 시기다.
자칫 관계가 위축되기 쉽지만,
그럴수록 일상 속에서 위기에 대처할 수 있는
사회적 네트워크가 필요하다.

불필요한 생산을 줄이고, 한정된 자원을 경제적으로 활용하는 데 적격인 공유경제가 사라지고 있다. 인기 많던 공유사무실이 폐쇄되고, 숙박플랫폼 에어비앤비는 마케팅을 중단하고 직원의 25퍼센트를 해고했다고 한다. 규모가 크고 유명한 곳이 이 정도면, 다양하고 자잘한 공유경제를 담당하는 기업은 그 상황이 어떨지 가히 짐작할 만하다.

서울시는 몇 해 전부터 마을공동체 정책의 일환으로 '마을활력소' 사업을 지원하고 있다. 예전엔 민간의 자유로운 운영에 초점이 맞춰져 있었다면, 최근엔 서울시가 직접 공간을 매입하여 마을공간이 안정적으로 운영되도록 돕고 있다. 그간 갑작스러운 임대료 상승을 버티지 못하고 운영을 포기하는 민간운영공간 사례가 속출했기 때문이다. 접근성이 좋은 곳에 건물을 짓거나 공공기관의 일부 공간을 리모델링하는 방식으로 지원을 확대해나가고 있다.

주민들은 생활권 안에 있는 마을활력소에서 다양한 활동을 한다. 마을카페에서 차를 마시거나 공유주방에서 함께 밥을 해먹고, 주민 강사에게 원하는 것을 배우기도 한다.

주민들끼리 소통하고 문화를 공유하는 공간으로 마을활력소가 제 몫을 톡톡히 하고 있는 것이다.

그러나 코로나가 극성을 부리기 시작한 후로 주민들의 자발적인 참여로 활발하게 운영되던 마을활력소가 문을 열지 못하고 있다.

홍은동 백련산 자락 도로가에 공동체주택을 짓고 입주한 지 6개월 만에 맞닥뜨린 코로나 사태는 공동체공간과 협동플랫폼카페 이웃에도 직격탄을 날렸다.

가장 먼저 매주 화요일 6시면 공동체공간에서 흘러나왔던 흥겨운 음악 소리가 사라졌다. 시니어 라인댄스는 주민들의 호응이 뜨거웠던 강좌였던 만큼 잠정적 중단이 주는 아쉬움도 컸다. 운동 효과도 최고지만, 회원들이 챙겨온 떡이며, 과일을 나눠먹던 재미가 사라진 탓이다.

시니어 라인댄스 강좌를 시작으로 부모모임, 마을언덕조합원 정기모임 등 각종 모임이 중단되거나 사태를 관망하며 연기를 반복했다.

그러나 잠시만 참으면 될 줄 알았던 코로나 사태가 장기

화되면서 이대로 손 놓고 있을 순 없다는 의견이 모아졌다. 방역지침을 준수하면서 우리의 일상을 되찾아야 했다.

당장 부족한 마스크 공급으로 약국에 길게 줄을 선 주민들과 그것마저 구하기 어려운 처지의 사람들을 위해 마스크를 만들자는 데 의기투합했다. 수소문하여 재봉틀을 빌리고, 집집마다 마스크를 만들 자투리 천과 재봉 도구들을 모았다. 그렇게 만든 마스크는 주거복지센터를 통해 필요한 주민들에게 나눠드렸다.

직장맘들을 위한 아이돌봄 방법도 강구했다. 개학이 자꾸 늦어지면서 가족들의 도움을 받는 것이 한계에 다다른 가정이 많아진 게 그 이유였다. 서부권직장맘지원센터와 연결된 대학생들이 방역수칙을 지키며 온라인학습 지도와 아이돌봄 봉사활동에 참여해주었다. 한동안 비어 있던 공동체공간이 오전 10시면 아이들이 떠드는 소리로 가득 찼다. 공동체공간이 제역할을 하게 된 것이다.

잠정적으로 중단된 플리마켓도 다시 열었다. 코로나로 갇힌 갑갑한 일상에 숨 쉴 구멍이라도 만들어주고 싶어 예전처럼 건물 앞에 장터를 열고 싶은 마음이 굴뚝같았지만, 무엇보다 안전을 최우선으로 고려해야 했다. 오프라인으로 진행하기엔 무리가 있다고 생각하여 온라인 플리마켓을 열었다. 다행이 많은 사람들이 참여 의사를 밝혔고, 꽤 괜찮은 물건들을 단톡방에 올려주었다.

어려운 시기지만, 나름 어린이날 행사도 치렀다. 사실 코로나 출현 이전에 어린이날 지역행사를 기획해두었다. 주민 기획단이 야심차게 준비한 것으로 어린이소공원에서 주변 상인들과 함께 하는 대규모 행사였다. 그러나 사회적 거리두기로 인해 기획했던 행사를 여는 건 불가능하게 되었다.

아무것도 안 하고 건너뛸 수도 있지만 올해, 아니 이듬해에도 코로나와 함께 살아야 한다는데, 행사를 취소하는 게 능사는 아니라는 생각이 들었다. 이것이 일상이라면 우리도 이 상황 속에서 건강하게 함께 살 방법을 찾아야 했다. 결국 대대적인 행사 대신에 어린이날 아무데도 가지 못하는 동네 아이들을 위한 소소한 이벤트를 준비하기로 했다.

사회적 거리두기를 실천하는 손소독제 만들기, 1미터 모자 만들어 쓰기, 스트레스 측정 체험 부스 등을 설치했다. 한곳에 사람들이 붐비지 않도록 공원 두 곳과 공동체공간 앞, 이렇게 세 군데로 나눠서 행사를 진행했다.

아이들에게 줄 선물은 기관들과 지역 커뮤니티의 후원을 받아 동네 가게의 물건들로 준비했다. 동네빵네협동조합 제과점의 빵, 문화슈퍼의 특제 쑥절편, 카페 이웃의 음료, 카페 프렌즈의 콩빵, 쿡스와 소반의 밥과 국수, 낭만달의 빵, 골목 분식집의 떡볶이까지….

행사 장소에 모인 아이들은 1미터 거리두기 모자를 만들어 쓰고, 선물을 뽑으며 부모들과 즐거운 한때를 보냈다. 쉽지 않은 상황임에도 민간단체의 탄력성을 최대한 발휘해 머리를 쥐어짜낸 결과였다.

코로나를 겪으면서 느낀 점은 마을공동체와 공유단체에 변화가 필요하다는 것이다. 의료진은 치료와 예방에, 연구자는 신약개발에, 정부는 공공의료시스템 구축에 힘쓰는 것이 제 몫을 다하는 것처럼, 현재 상황에서 마을공동체가 어떻게 제 역할을 수행할 것인지 치열한 고민이 필요하다.

사람과 사람을 잇는 지역 관계망이 그 어느 때보다 중요한 시기다. 자칫 관계가 위축되기 쉽지만, 그럴수록 일상 속에서 위기에 대처할 수 있는 사회적 네트워크가 필요하다. 그저 멈추는 것이 아니라 위험을 안전으로, 우울함을 즐거움으로, 비대면을 탄력적 대면으로 전환할 방법을 찾아야 한다.

마을언덕사협 역시 최대한 안전한 방식으로 주민들과의 만남을 이어가고 있다. 손소독제를 만들어 이웃과 나누고, 팬데믹 시대에 쓸모가 높아진 스마트폰 사용법을 어르신들에게 일대일로 알려드리기도 하면서 말이다.

우리는 이렇게 동네에서 코로나라는 난관을 뚫고 건강한 관계를 만들어가기 위해 애쓰고 있다. 이것이 나와 내 가족, 이웃을 위협하는 상황 속에서 마을공동체 문화의 확산을 꿈꾸는 우리의 역할이 아닐까?

함께 늙어가고 싶은 동네

서로 돌봄이 있어
마음이 놓이는 곳

사람들이 밀집해서 사는 도시 골목의 집들은 다닥다닥 붙어있기 마련이어서 이웃집과 틈이라고 할 게 없다. 그렇기 때문에 바로 이웃한 집이 건축 공사라도 들어가면 최소 4개월은 신경을 건드리는 소음에 시달려야 한다. 어디 소음뿐이랴? 날리는 먼지는 또 어떻고.

그래서 집터를 다지기 전에 이웃들을 찾아가 앞으로 몇 달간 폐를 끼치게 됐음을 고개 숙여 양해를 구하는 과정이 꼭 필요하다. 당해본 사람만이 아는 그 불편한 상황에 진심으로 미안함을 전달하는 것이다.

요즘은 부동산 개발업자들이 먼저 건물을 짓고, 분양하는 빌라들이 늘어나는 추세인 만큼 기업체 쪽에서 민원이 발생하지 않도록 인근 집을 돌며 양해를 구하기도 한다.

우리 역시 건축을 맡아준 업체 쪽에서 대신할 수 있는 일이었지만, 마을언덕사협을 포함한 공동체주택의 입주자들은 이집 저집 직접 문을 두드리며 소박하지만 정성껏 준비한 롤케이크와 함께 미안한 마음을 직접 전했다.

"집을 짓는 게 다 그렇죠. 불편해도 어쩝니까? 참아야죠. 우리도 집 지을 때 동네 민원으로 많이 힘들었어요."

만났던 이웃들은 불편함을 감수해야지 어쩌겠냐며, 오래된 주택밀집 지역에 늘어가는 신축빌라 공사를 요 몇 년간 계속 경험해온 탓인지 까다롭지 않게 이해해주었다.

그러나 진짜 복병은 따로 있었으니, 이웃집들이 넌지시 걱정해주던 노부부가 사는 아랫집이었다.

"…법대로만 하면 되지."

그 '법대로'라는 말에 왠지 가시가 느껴졌지만, 그 당시엔

기우려니 하고 그냥 지나쳤다. 건축현장 주변에 자주 나타나 감독관 아닌 감독관 역할을 했던 아랫집 할아버지로부터 고소장이 날아온 건 공사가 시작되고 몇 달이 지난 시점이었다.

소장에는 옆 건물이 본인 집의 담 경계를 침범했고, 그 담과 이어져 있는 지하 주차장이 너무 높아 지하가 아니라는 주장이 적혀 있었다. 또 1층에 어린이집이 들어온다는데, 혹여 아이들이 사고가 날까 염려되어 잠을 못 잘 지경이니, 지금 짓고 있는 건물을 허물어달라는 요구가 적혀 있었다.

그 주장이 사실과 다른 것은 둘째 치고, 직접 소통하는 방식이 아니라 무조건 재판부에 소장을 내고, 아직 벌어지지도 않은 일을 추측하며 재판을 걸어온 방식에 공동체주택 입주자 모두 당황스러웠다. 그것도 기초 공사가 끝나고, 한창 건물 층을 올리는 공사가 분주하게 진행되고 있는 시점에 건물을 허물어달라는 어이없는 요구라니!

골목을 사이에 두고 나란히 있는 다른 건물의 주인은 공사 자재를 내리기 위한 잠깐의 주차도 허용하지 않았다.

건물 앞에 차를 대는 순간 빨리 차를 빼라고 동네가 떠나가라 소리를 질렀다. 아무리 좋은 말로 구슬려 봐도 막무가내였다.

그간 아쉬운 걸 서로 힘을 모아 해결하고, 이웃 관계망으로 공동체를 복원해가는 '마을공동체'를 지향하며 공동체주택을 짓고 있는 우리에게 이웃과의 극심한 갈등은 처음 겪는 일. 이게 공동체가 파괴된 각박한 도시의 현실인가 싶다가도 이런 이웃을 나쁜 이웃이라 하는 건가 싶었다.

옆집과 아랫집의 뜨거운 눈총 속에서 공동체주택은 완공되었고, 입주민들은 이사를 했다. 공사 기간 불편함을 참아야 했던 이웃들에게 감사의 플래카드도 걸었다.

이사 와서 하룻밤을 보낸 다음날 아침. 지저귀는 새소리에 눈을 떠 안방 창문을 연 순간 생각지도 못했던 풍경이 눈앞에 펼쳐졌다.

짙은 초록색을 내뿜는 키 큰 나무 사이로 간간이 피어 있는 꽃들과 낮은 키의 풀들이 어우러져 작은 숲이 연상될 정도로 인상적인 정원이 한눈에 내려다보였던 것. 오래 전에 지어진 멋스러운 기와지붕 이층집도 정원과 어우러져 한 폭의 그림 같았다.

이웃을 못살게 구는 나쁜 영감탱이라고 내심 욕했던 불편한 이웃이 이렇게나 멋진 풍경을 선사해준 사람이라고 생각하니 웃음이 나왔다. 만약 이 예쁜 집이 헐리고, 고층 건물이 들어선다면 오래된 정원의 싱그러운 풍경을 구경하는 기쁨은 고사하고, 동네가 한눈에 들어올 정도로 탁 트인 정경을 바라보는 일상의 작은 여유도 사라질 거라 생각하니 감사한 마음까지 들었다.

"역시 나쁘기만 한 이웃은 없구나!"

공동체주택의 입주자들에게는 갑자기 재판을 걸어온 이해당사자로서 불편한 이웃이지만, 골목길을 지나는 주민에게는 봉오리 맺힌 흰 목련과 오디가 달린 뽕나무, 나무에 주렁주렁 매달린 감을 보여주는 고마운 이웃일 수도 있겠구나 싶었다.

우리도 집을 짓는 문제로 갈등의 골이 깊어지지만 않았어도 산책길에 발걸음을 멈추게 하는 예쁜 정원을 가진 집으로 기억했을 것이다. 그래서 이사를 하고 맞이한 첫 날 아침, 아직도 재판 중인 그 노부부를 함께 사는 이웃으로 받아들였다.

'저런 큰 집에 두 분만 살면 적적하지 않을까?' '요 며칠 안 보이던데, 어디 멀리 여행이라도 가셨나?' 하는 생각을 하며 계절의 변화를 알려주는 정원을 고마운 마음으로 즐기고 있다.

공동체주택을 왜 짓게 되었고, 우리가 어떤 사람들인지 아랫집 노부부가 알았더라면, 그렇게 막무가내로 재판을 걸어왔을까? 거기다 노부부만 살고 있으니, 필요한 땐 우리가 도움이 될 수 있다는 걸 잘 이해시켜 드렸다면, 굳이 재판까지 가지 않았을지도 모른다.

요즘은 한 동네에 오래 사는 사람들이 별로 없고, 이사를 와 몇 년을 살아도 이웃과 왕래 없이 사는 사람들이 많아졌다. 그래서일까? 우리는 별일 아닌 것으로도 이웃을 불편해하고, 때론 나쁜 이웃이란 꼬리표를 붙이기를 서슴지 않는다.

이웃을 괴롭히려 작심하고, 매일 그런 궁리를 하는 사람이 있을까? 대부분의 이웃 간 갈등은 의도적인 것이 아니라 이웃과 단절된 삶이 내 집, 내 가족이라는 테두리를 경계선 삼아 금을 그은 데서 생겨났을 것이다. 어쩌면 우리는 스스로를 잠재적인 불편한 이웃, 나쁜 이웃으로 만들고 있는지도 모를 일이다.

이웃에 대해 고민하다 나이가 들어도 계속 머물고 싶은 동네는 어떤 곳일까 생각해본다.

자녀가 독립을 한 후엔 부부끼리 혹은 혼자서 짧지 않은 여생을 살아야 한다. 중년 후반, 그리고 노년의 삶을 우린 어떻게 살아가야 할까?

요즘은 대부분의 사람들이 부동산과 연금보험, 먹고살 정도의 여윳돈만 있으면 걱정 없는 노년을 보낼 수 있다고 생각하는 것 같다. 모든 것이 소비와 연결되는 도시생활에서 돈만 있으면 웬만한 문제는 다 해결된다는 생각이 지배적인 탓이다.

이렇게 소비로 대체하는 일상이 늘어날수록 관계의 결

핍은 더 심화된다. 물건도 서비스도 돈으로 사면 되니, 딱히 이웃과 교류할 필요성을 느끼지 못하고, 그저 한 사람의 소비자로 남는 것이다.

그러나 돈으로 못할 것이 없는 현대 도시의 삶이라도 분명 소비로 충당하지 못하는 것들이 있다. 우리가 누리는 행복 가운데는 돈이 가져다줄 수 없는 것들이 꽤 많이 존재하기 때문이다.

인간은 사회적 동물이기 때문에 누군가와 관계를 맺을 때 더 안정되고 행복감을 느낀다는 것 역시 수많은 연구를 통해 널리 알려진 사실이다. 그리고 굳이 연구결과를 들먹이지 않아도, 우리는 경험을 통해 이러한 사실을 잘 알고 있다.

'늙는다는 것'을 이해하고 공감하며 마음을 나누는 관계, 일상에서 서로 안부를 묻고 언제든 반갑게 만날 수 있는 관계는 돈으로 살 수 있는 것이 아니다.

우리가 공동체주택을 짓고, 공동체공간을 함께 소유하고 운영하려는 이유가 여기 있다. 1층에 세를 주어 임대료를 받기보다 사람과 정보가 오가는 협동플랫폼카페 이웃을 만든 이유이기도 하다.

더 많은 주민들과 사귀고, 사람과 사람을 이어 웬만한 것은 관계 속에서 충족하는 일상, 이렇게 충족되는 것들이 많아져 쓸데없는 돈을 쓰지 않아도 되는 삶을 꾸려가고 싶었기 때문이다.

얼마 전 '나이 들고 싶은 마을'이라는 주제로 마을언덕 사협이 주관한 살림의료복지사회적협동조합의 초청강좌를 들은 적 있다. 미나미의료생협의 탐방사례를 통해 우리보다 훨씬 앞서 초고령화 사회에 들어선 일본에서 어떻게 지역 의료시스템을 만들어 협동과 돌봄을 실천하고 있는지 알 수 있는 자리였다.

미나미의료생협은 건강증진병원, 미나미의료생협 산하 66개 사업소, 재활지원 등 3개의 영역이 서로 맞물려 돌아가는 종합 의료시스템으로 서로를 돌보는 지역 네트워크를 구축한 사례였다. 걸어갈 수 있을 만큼 접근성이 좋은 공간, 뭐라도 먹을 수 있는 공간, 누군가와 연결될 수 있는 공간을 발굴하고, 그 공간의 운영과 관리를 모두 주민의 힘으로 해 나간단다.

사업소 역시 지역주민의 힘으로 만든다고 한다. 토지와 건물 찾기, 출자금 모으기, 조합원 늘이기, 직원 확보하기 등 사업소 설립 과정을 들어보니, 마을언덕사협이 공동체주택의 일부를 자산화하는 방식과 비슷했다.

주민들은 사업소를 세우는 과정에 재능과 노동력을 제공하거나 자금을 조달하는 등 다양한 방식으로 참여한다. 그 과정에서 마을을 새롭게 바라보게 되고, 몰랐던 것을 새롭게 발견하게 된단다.

일방적으로 의료서비스를 받는 대상이 아니라 주고받는 주체가 되면서 노년의 생활은 더 재밌어지고, 누군가를 돕는 데서 오는 만족감은 자존감으로 이어져 더 건강한 삶의 밑천이 된다는 것이다. 또한 지금보다 나이가 더 들어 힘이 없어지면 내가 그랬던 것처럼 나 역시 누군가의 도움을 받을 수 있을 거라는 믿음이 노년의 불안을 줄여준다는 점이 매우 인상적이었다.

마을언덕사협이나 살림의료복지사회적협동조합이 그렇듯

이 미나미의료생협 역시 모든 것을 자주·자립·협동의 원칙 아래 주민이 주체적으로 참여하고 지속성을 담보해나간다.

우리나라의 경우 데이케어센터와 재가방문서비스 같은 노인복지 관련 의료서비스를 확충해나가고 있다. 동네에서 길을 걷다 보면 재가방문서비스 간판을 어렵지 않게 발견할 수 있을 정도다. 그러나 이러한 정책을 실행할 때 양적 확대만큼이나 중요한 것이 있으니, 바로 정책의 질적 발전이다.

나이가 들수록 점점 약해지는 신체와 정신, 경제활동의 부재 등으로 자신이 쓸모없는 사람이 된 것 같아 기운이 빠지고 우울해지기 쉽다. 건강한 노년생활을 위해서는 삶에 의욕과 활기를 불어넣어줄 '일'이 필요하다.

미나미의료생협 사례를 통해 알 수 있듯이, 사람들은 누군가를 도울 때 자아존중감이 커지고, 행복감을 느낀다. 이렇게 삶의 활력은 꼭 경제활동이 아니어도 여러 방식을 통해 만들어질 수 있다.

몇 해 전 '50+주민활동가 생활변화연구: 관계망과 경제활동 중심'이란 주제로 50+당사자 연구에 참여한 적이 있었다. 주민활동가로 살아가는 사람들의 사례연구였다.

나와 내 주변에서 주민활동가라 불리는 비슷한 연령대의 사람들이 왜 마을활동 일에 관심을 갖게 되었는지, 마을활동 이후 일어난 삶의 변화는 무엇인지 사례로 정리해보고 싶었다.

인터뷰를 근거로 7가지 생활변화 요인을 정리했고, 그중에서도 '마을주민'과 '자기성장'이란 요소에 주목했다. 지역주민으로서 자발적으로 마을활동에 참여하면서 욕구와 필요가 어떻게 해결되었으며, 어떤 식으로 자기성장의 내적 동력이 되어 삶의 만족도를 높여주었는지가 핵심이었다.

"동네에서 함께 늙어가면 좋겠다는 생각이 드는 사람들이 있어서 얼마나 다행인지 몰라요."

"내가 잘하는 것을 발견해주고, 또 나를 존중해주는 사람들이 늘어나서 행복해요."

"노년에 멍하니 혼자 시간을 보내며, 요양원 같은 곳에서 쓸쓸하게 죽고 싶지 않았어요. 삶의 질이 높은 노년생활을 위해 고민하던 중에 관계망 안에 들어가야겠다고 결심했죠. 안전, 돌봄 이런 것들을 만족시킬 수 있는 게 마을 관계망 이라고 생각했거든요."

그들 모두가 공통적으로 마을활동을 통해 자기 자신을 존중하는 마음이 커졌고, 나를 존중해주는 사람들과 마을 에서 함께 늙어가고 싶다는 생각을 갖게 된 것이 가장 큰 변화라고 말해주었다.

50+주민활동가와 미나미의료생협 주민들의 생활변화는 자아존중감을 회복하는 과정이 마을 사람들과의 관계를 통 해 이루어질 때 성공적이라는 것을 보여준다.

돌봄이 필요한 사람을 제 능력껏 돌보고, 필요하면 나 역시 그런 돌봄을 언제든지 받을 수 있다는 믿음은, 노후자 금이 빵빵한 삶보다 더 안전하고 편안한 노년생활을 약속한 다. 돌봄의 수혜자로서만 기능하는 것이 아니라 돌봄에 기 여하는 주체로 살아가는 모습을 떠올려보면, 어떤 형태가 더 행복한 노년의 삶을 보장하는지 그 해답을 쉽게 찾을 수 있다.

우리가 도시에서 살고 싶은 공동체적인 삶은 일상의 소소한 재미와 필요를 해결하는 것에서 출발했지만, 이는 곧 먹고사는 문제까지 확장되어 지속가능한 기반을 마련하는 데까지 조금씩 나아가고 있다.

쉽지 않은 문제들이지만 안전한 관계망이 늘어날수록 이웃을 돌보는 역할과 기능도 늘어날 것이 분명하다. 그런 경험과 사례들이 증가할수록 협동을 통해 먹고사는 문제를 해결할 수 있는 방법과 사례들도 늘어갈 것이다.

때때로 이해관계가 충돌하고, 그로 인해 서로 갈등을 겪고, 어떨 땐 무관심으로 일관하는 이웃을 만날 때도 있지만, 우리는 마을과 골목에서 희망을 엿본다.

아쉬운 것이 있을 때 도움을 청할 수 있는 관계가 늘어나는 마을. 그것을 민폐라 여기지 않고 기꺼이 도움으로 연결해주는 이웃이 있는 마을. 내가 그랬듯이 언젠가 나도 이웃에게 도움을 돌려받을 거라 믿어 의심치 않는 미나미 같은 마을을 꿈꿔본다.

지금보다 나이가 더 들어 힘이 없어지면 내가 그랬던 것처럼
나 역시 누군가의 도움을 받을 수 있을 거라는 믿음이
노년의 불안을 줄여준다.

마을아,
엄마를 부탁해!

요즘 들어 초보엄마 때부터 마을의 안전한 관계망 안에 있었으면 어땠을까 하는 생각이 자주 든다. 어찌 보면 인생에서 가장 막중한 책무인 부모를 공부 한 번, 연습 한 번 해보지 않고 맡아온 셈이니 말이다.

마을공동체 안에 있었다면 바빠서 혹은 잘 몰라서 아이에 대해 그냥 지나쳤던 것들을 누군가가 알아채고 일러주었을 텐데. 또 누군가는 마을의 다른 엄마가 되어 아이를, 엄마인 나를 지지해 주고 안심시켜줬을 텐데 하는 마음에서 생기는 안타까움이다.

물론 마을이 엄마에게 생기는 모든 문제를 해결할 수 없음을 모르지 않는다. 우리가 사는 사회가 안고 있는 수많은 문제와 필요를 마을이 전부 해결하거나 충족시킬 수 없다는 것 역시 잘 알고 있다. 그러나 마을이 혼자 전전긍긍하며 아이를 키우는 데서 오는 외로움과 불안함에서 엄마를 구할 수 있음은 분명하다.

같은 처지의 부모들끼리 연대하고, 선배엄마로부터 경험담과 돌봄의 지혜를 공유하는 마을을 상상해보라.

이렇게 따뜻한 돌봄이 있고, 건강하고 안전한 일상이 있는 마을이라면 충분히 엄마를 부탁해도 좋지 않을까?

엄마에겐 온 마을이 필요해

글쓴이 | 김복남

펴낸이 | 곽미순   편집 | 박미화   디자인 | 이순영

펴낸곳 | 한울림   기획 | 이미혜   편집 | 윤도경 윤소라 이은파 박미화 김주연
디자인 | 김민서 이순영   마케팅 | 공태훈 윤재영   경영지원 | 김영석
등록 | 1980년 2월 14일(제1980-000007호)
주소 | 서울시 영등포구 낭산로54길 11 래미안당산1차아파트 상가 3층

대표전화 | 02-2635-1400   팩스 | 02-2635-1415
홈페이지 | www.inbumo.com   블로그 | blog.naver.com/hanulimkids
페이스북 책놀이터 www.facebook.com/hanulim
인스타그램 | www.instagram.com/hanulimkids

첫판 1쇄 펴낸날 | 2021년 5월 18일
ISBN 978-89-5827-135-2   13590